成功宝典

让我们从平庸的生活中奋起

Success： a book of ideals,helps,
and examples for all desiring to make the most of life

【美】奥里森·斯韦特·马登 / 著
（Orison Swett Marden）

佘卓桓 / 译

山东人民出版社

全国百佳图书出版单位 一级出版社

图书在版编目（CIP）数据

成功宝典／（美）马登著；佘卓桓译．—济南：山东人民出版社，2013.10（2023.4重印）
ISBN 978-7-209-07337-0

Ⅰ．①成… Ⅱ．①马… ②佘… Ⅲ．①成功心理－通俗读物 Ⅳ．①B848.4-49

中国版本图书馆CIP数据核字（2013）第172280号

责任编辑：孙 姣
设计制作：鸿儒文轩

成功宝典

（美）奥里森·斯韦特·马登 著　　佘卓桓 译

主管部门　山东出版传媒股份有限公司
出版发行　山东人民出版社
社　　址　济南市舜耕路517号
邮　　编　250003
电　　话　总编室（0531）82098914
　　　　　市场部（0531）82098027
网　　址　http://www.sd-book.com.cn
印　　装　三河市华东印刷有限公司
经　　销　新华书店

规　　格　32开（145mm×210mm）
印　　张　6.25
字　　数　80千字
版　　次　2013年10月第1版
印　　次　2023年4月第2次
ISBN 978-7-209-07337-0
定　　价　45.00元
　　　　　如有印装质量问题，请与出版社总编室联系调换。

前　言

对这样一本旨在激励世界各地每个年龄段的人去奋斗，去拼搏，去把握自己的书，写前言似乎没什么必要。但笔者觉得，在本书开始前略微阐述一下各个主题的写作意图，可能还会对读者在阅读时有所帮助。

每个年轻人都想着要有所成就。很多人绞尽脑汁，夜不能寐，手脚并用，只为了成功。无论他们背后持怎样的动机，也无论他们的动机是高尚还是低俗，是好是坏，但他们眼中的目标都是一致的，那就是——成功。

要是没有外在刺激的话，很少人能够真正克服逆境，走向成功。在这本书里，笔者想通过许多例子激发读者们追寻更高的理想与高尚的目标。笔者的目标是尽可能地以有趣具体的例子来阐明这些道理。笔者相信，要想在当下激发读者阅读的热情，就必须要首先让他们对书的内容充满兴趣。单纯抽象的理论与空洞的道德说教是不可能再让读者感到有趣了，而在书中一味地埋怨很多人的失败也是无济于事的。当然，我们每个人都需要驾驭人生的航向。要是没有了航向，我们就需要自己去努力找寻。

其实，很多年轻人之所以缺乏雄心壮志，只是因为他们的潜能没有被激发出来而已。要是每个人能够将潜能的火花激发出来，就肯定能生发出炮弹般的能量。要做好这点，是每位老师的责任。

现代社会是一个非常现实的社会。今天充满野心的年轻人都尽可能地想多了解一些信息，掌握对他们有所帮助的知识或是经验——因为这会让他们在未来获得财富或是力量。他们不再关心那些天才是如何取得成功的，他们更喜欢了解那些像他们一样平常的人是如何赢得生活的奖赏的。

笔者的目标就是要满足读者的这部分阅读需求。笔者尝试在本书中多加入一些暗示性的内容，并以全新的方式来表达一些鲜活与有趣的道理，让本书能够激发读者的斗志，成为他们思想的一个宝库。笔者希望每一页内容都能让读者有所感悟，带给他们一些鼓励与帮助，希望读者能够从本书鲜活的例子中得到一些启发，让他们发出这样的感慨："为什么呢？为什么这些比我条件更差的人都能成功呢？难道我就不能成功吗？"

在贯穿整本书的内容里，笔者有一个终极的目标，就是希望读者能够明白，成为真正的男人与女人才是最为重要的，要比财富或是任何名声都更加重要——个人的品格要比任何事业上的成功都更加重要。

"所有睿智的事情已经被人类思想过了。"德国一位作家这样说道，"我们要做的，只是再思想一遍。"笔者深以为然。在写作方法上，笔者还是做了很大的创新。就书的内容而言，笔者从很多思想的花园里采撷了最为漂亮的花朵，从很多人的生活中抽取了更为典型的例子。

因此，笔者在此向其他的作家表示敬意与感谢，特别要感谢亚瑟·W.布朗先生提供的大力帮助。

003

在马登之前，还没有哪位大家如此详尽地论述"如何成功"，而《成功宝典》就是这样一部讲述如何将我们的热情融入我们的生活，并实现人生的蜕变，直到取得成功和快乐的经典之作。此书堪称是人生道路上的永不过时的、必备的指南。

——《纽约时报》

目　录
Contents

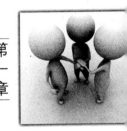

Success 热 第
情 一
章

人类历史上每个让人激动的伟大成就都是热情的胜利。

没有热情，伟大就无从谈起。

没有比热情更具传染性的东西了。热情就像是奥菲斯的鲁特琴奏出的悠扬乐音——能够移动巨石，感化野蛮。热情是真诚的流露。要是没有热情，真理将很难有所成就。

——莱顿爵士

世界的奖赏属于那些认真之人。

——F. W. 罗伯森

历史的经验已经说明了一点，那就是成功更需要热情，而不是能力。胜利者属于那些全身心投入到工作中去的人。

——查尔斯·布克顿

一个认真之人始终会找到办法的，如果他找不到的话，他也会努力创造的。

——钱宁

不要想着可以凭借并非源于内心的话语，
去激发别人的梦想，去触动他人的灵魂。

——歌德

当我们遇到那些心灵空虚的人——那些只想着让自己快乐，没有任何事业心的人——那么，与他们的谈话是多么庸俗与无趣啊！即便他们才华横溢，学富五车，要是缺乏基本的真诚，也很难直抵我们的心灵深处，对话也是无法让人满意的。

——詹姆斯·弗里曼·克拉克

任何东西都不可能替代充满激情而又真诚的认真。

——狄更斯

"咚咚咚，咚咚咚，咚咚咚"的声响在阿尔卑斯山脉的峰顶上回荡，在充满热情的鼓声背后，是一位面容青涩、脸颊红润的十岁男孩，他是那么的阳光，充满活力，映衬出许多老兵一脸的严肃与坚毅。当暴风夹着雪吹到他的脸上，他会大笑一声，将雪抹去，继续敲响"咚咚咚"的鼓声，似乎所有高耸的岩石、冰层及雪峰都在和着他的鼓声。

　　"敲得好，小鼓手。"人称"战斗的麦克唐纳"——这位拿破仑手下最为勇敢的元帅说道。

　　"咚咚咚，咚咚咚，咚咚咚。"小鼓手敲得更欢了，用加倍的热情敲着鼓，空气中弥漫着一股积极乐观的气息，似乎将希望与壮志都传到了每位士兵身上。

　　"将军万岁！"一个粗犷的声音叫了起来，士兵们口口相传，发出震耳欲聋的喊叫声，似乎整座山都在震动。

但是，听啊！哪里出现了一阵低沉的声音呢？那么让人颤抖，伴随着一股沙沙声，显得那么微弱，又是那么压抑，似乎有一种被什么絮语压住后的那种神秘感。这种声音似乎有无形的翅膀，给人一种不祥感，似乎灾难马上就要降临。在阿尔卑斯山是不应该这样大喊的，因为积雪可能会在暴风的吹袭下往下滚，惩罚这些"入侵者"。

但是，回声还没有消散，突然响起第二阵声响，与原先的回音差异巨大——那是一种怪异、可怕的喃喃声——似乎在悲诉，一直蔓延到山边。这种声音越来越近，越来越响，最后空气都在那股深沉而嘶哑的吼叫中颤抖。

"士兵们，快点趴下！"麦克唐纳说，"是雪崩！"

积雪朝他们滚来，像一条瀑布那样沿着狭窄的小路冲泄过来，覆盖了石与沙粒，将树丛与树木连根拔起，很多木块上都覆盖着白色的积雪。天色一下子黑暗了，就像是午夜时分。对很多士兵来说，黑暗就预示着坟墓，特别是在这样雪崩的环境下。

"皮尔到哪里去了？我们的小鼓手到哪里去了？"这一声打破了雪崩后死一般的寂静。雪崩已经过去了，积雪都滚到了山谷里。隆隆的声响已经在山丘间消散了。

皮尔人在哪里呢？

很多老兵一动不动，握着步枪的枪管在啜泣。

"咚咚咚，咚咚咚，咚咚咚。"山谷下面传来一阵微弱的鼓声。

"多大的勇气啊！多大的热情啊！"一位身经百战的士兵双眼含着泪水说，"我们一定要去救他，否则他肯定会冻死在那里的。我们一定要救他。"

"一定要救他。"麦克唐纳发出深沉的声音，他脱下外套，走到悬崖边。

"不行的，将军，"士兵们大声地阻拦道，"你不能冒这样的险，让我们中的一个人去吧。你的生命要比我们所有人都更为重要。"

"我的士兵就是我的孩子。"麦克唐纳平静地说，"任何父亲都会不顾自己生命去救孩子的。"

他们用绳索将麦克唐纳慢慢放下，直到他消失在寒冷与黑暗的深处。

"皮尔！"麦克唐纳用最大的力气叫道，"你在哪里啊？我的孩子！"

"将军，我在这里啊！"厚厚的积雪下面，传来一阵微弱的声音，正是柔软的积雪救了他一命。

"我勇敢的孩子，现在没事了。"麦克唐纳说，一边将被半掩埋的小鼓手拉出来，"把你手放在我的脖子上，抓紧了，我们很快就能离开这里的。"

第一章 热情

但皮尔冻僵的手完全失去了力量，甚至在麦克唐纳将他的手搭在自己脖子上后，皮尔的手也会立即滑落。

这个鬼地方让人动弹不得的寒冷很快让麦克唐纳像皮尔那样无能为力。该怎么办呢？

于是，他将自己的腰带撕开，一头系在绳索上，他与皮尔则紧紧地系在另一头，向上面的士兵发出信号，他们很快就离开了山谷。士兵们不顾山崩可能带来的危险，不断发出热烈的欢呼，群山回荡着他们的欢乐，似乎山脉也在分享他们的乐趣。

"我们遭受敌军的炮火与山崩。"麦克唐纳一边温柔地抚摸着皮尔的手，一边说，"只要我们还活着，任何事情都不能让我们分开。"

一个小时后，皮尔又恢复正常的状态了。当前进的命令下达后，他敲起"咚咚咚，咚咚咚，咚咚咚"的鼓声，声音比之前更加充满决心与热情。在这个让人生畏的冬天里，穿越斯普鲁根的过程，要比拿破仑在夏季翻越阿尔卑斯山脉要更加恐怖。但是，这位小鼓手的热气激励着每位士兵与军官的斗志。

当一个男孩全身心投入去做一件事的时候，有什么是他所做不到的呢？

"我愿意付出一切去拥有那幢建筑的设计师。"克里斯托弗·维任在欣赏着巴黎的卢浮宫的时候，感叹地说。他想从中汲取一些灵感，用于修复伦敦圣保罗大教堂。卢浮宫的设计者的热情感染到他。在他死后，他的墓志铭上这样写道：

"下面躺着的是这座教堂与这座城市的设计者，克里斯托弗·维任，他活了九十多岁，但并不是为了自己，而是为了公众。路人，如果你想看看他的纪念碑，那么请抬头看看四周的建筑吧。"

只要随便看看，就能发现英国最好的建筑都是出自克里斯托弗·维任之手。

几乎所有给人类带来福祉的改进、发明与成就都是热情的胜利。

热情，不就是为了实现精神层面与智趣方面最高成就的努力吗？只有力量、活力才能让个人与国家忍受那么长的时间，坚信自己最终必然能够实现心中所想。嘲笑这种无边的希望或是坚定的信念，鄙视富有远见之人，嘲笑他们的梦想，这是很容易做到的事情。但是，标榜教义的人并不是造物主眼中的"热情者"。在国王阿里古巴的眼中，圣保罗不就是一位热情者吗？圣保罗总是面带微笑，声称自己"几乎被说服"成为一名基督徒。公元一世纪到二世纪间，很多圣人与殉道者都在"寻求基督精神"中不为任何恐怖的压迫所动摇——古罗马竞技场里的折磨——这些人难道不是热情者吗？那些不怕流血，愿意牺牲宝贵生命去不断净化与提升人类的人，难道不是热情者吗？

帕里斯在贫穷与失败的生活里发现了白色陶瓷的制作方式，并对此充满了热情，不管别人怎么看他。他是一个旁人眼中的"傻子"，心中始终满怀着希望，高兴地承担所有损失。当他看到橱窗上展示着很多进口的陶瓷杯时，心驰神往，内心再也无法平静了，必须要去发现其中的生产秘密。

"我的儿子，这些都是怪人吗？"罗伯特·J.布尔德特说，"那么，这个世界充满这些怪人。要是没有这些怪人的话，我们该怎么办呢？要不是这些怪人不断往前冲，我们这个古老世界前进的速度会多么缓慢啊！哥伦布是个怪人，他在探索与环球旅行中做出了贡献，他也享受了作为怪人的许多待遇——他曾被投入监狱，死在贫穷与耻辱之中。而他现在不是非常受人尊敬吗？哦，是的。在我们将泰勒马科斯饿死之后，才知道他是多么的伟大。

"哈维在研究血液流通方面是个怪人，伽利略是天文学上的怪人，富尔顿是汽船导航方面的怪人，莫斯是电信方面的怪人，所有的废奴主义者都是怪人，很多人都将约翰·班杨视为怪人，我的儿子，你可知道吗？

“但是，人们时常鄙视的‘怪人’却口口相传下来了。纪念这些人的纪念碑在很多城市上已经倒塌了，但在你生活的圈子之外，谁也不知道你的存在。我的孩子，善待那些怪人，不要轻易地嘲笑他们，因为他们知道某样东西，而你对他又缺乏了解。很多时候，这些怪人能够改变一些事情，让历史的车轮不断转动，让我们获得进步。事实上，这些怪人一直在转动着车轮，他们的确让人类的足迹不断得到拓展。

　　“那些不断改变，想要追求全面的人，每天改变数百次立场的人，根本不是怪人，而只是墙头草。我的儿子，你明白吗？你可能会感激上帝没有让你成为一名怪人吧？儿子，千万别这样想！也许，就算你想成为怪人，你也做不到呢。当上帝想要那些墙头草式的人物，他并不会特别注意这些事情，几乎每个人都能做到这点。但当他想要一个怪人的时候，我的儿子，那么他就要从人类中挑选那些最为优秀的人。在你感谢上帝没有把你变成怪人之前，仔细地审视自己，看看自己身上的缺点是否阻碍着你成为这样的人。”

　　正是对自身任务的坚定信念——深信自己的存在就是要为某项事业献身——这种热情，让阿加西从阿尔卑斯山脉到亚马逊丛林，让普林尼去探索火山，甚至献出了生命，让福内特在面对暴风雨的时候，依然描绘出浪花的翻滚，甚至在风雨可能将他吞噬的时候，也岿然不动——正是这种热情让人拥有一种英勇的精神。

瓦特全身心地投入到他的引擎的开发中。"我无法去想其他事情，"他说，"但我不能让自己的家人挨饿。"

拉斐尔的热情感染着意大利每位艺术家。

特恩纳始终不愿意售出一副自己喜欢的画作。这些画就是他个人的一部分，要是卖出这些画，就像是将他心灵的某些部分割去了。每次在做完交易后，他内心都感到极为痛苦与忧郁。"这周，我失去了我的一个孩子。"他总是悲伤地说，眼里含着眼泪。

从一个为家庭做面包的人到为国家制定法律的政治家，这其中必然有某些激发个人潜能的东西在发挥作用。一旦这种激情消失后，无论我们过去取得多么辉煌的成就，都会逐渐走向下坡路，最后肯定会埋葬了更大的成就。

"我应该把自己视为一个犯人，"查尔斯·杜德勒·华尔纳说，"如果我说了任何让年轻学者感到心灰意冷的话，或是让他们对未来与希望产生怀疑的话，我就觉得自自己犯罪了。"他选择了最为高级的东西。他对信念的坚持与对未来美好的向往一直都是生活的灯塔。要是没有这么炽热的激情，没有他对学习、艺术、文化的全身心投入，这个世界将会显得多么单调啊！

"在他身上总能感觉到一种充满希望的激情，虽然会对人生充满疑惑，也会在人生的旅途中遭遇失败，但他始终深信自己能够最终获胜。他属于一支伟大与无畏的军队中的一员。没有人能够一窥人生这场战役的全貌。这需要我们不断地训练，抱着高昂的斗志去战斗，敢于冲锋陷阵，不惧牺牲。"

纽约麦迪逊的一间擦鞋店的领班总能给顾客带来惊喜，他的工作证明了他无愧于顾客的信任。他是所有员工中最为刻苦的。在人手不足的时候，他总是从手下那里拿来刷子帮顾客擦鞋。他只有在自己对工作感到满意之后，才会让顾客拿走鞋子。他总是充满热情，在忙活了一天后，始终能保持一天开始时的热情。他始终保持幽默的性情，他的身体也似乎不知道疲倦。

"这是关于热情的一门课。看看那个家伙，"一位旁观者说，"他是我看到的唯一一位真正热爱自己工作的人。"

在擦鞋这门手艺里，每个人的水平也是参差不齐的，也有一些人有能力让原先粗糙、褶皱的皮鞋变成最后充满光泽的皮鞋。我看见过衣着寒碜、面容瘦削的阿拉伯孩童在街上满怀热情与自豪地擦鞋。正是这种热情让很多人免于平庸的一生。

一间大型商店的许多员工都在嘲笑一位年轻的同事，该同事从办公室的小职员做起，做了很多自己工作之外的事情。很多员工嘲笑他的热情与对工作的认真，说这样做根本毫无意义，不可能获得任何薪水。不久后，他从这些同事中脱颖而出，成为该公司的合伙人，一时成为这个国家最大型企业的经理。

年轻人最难以让人抵挡的魅力就是他的热情。年轻人看不到前面的黑暗——任何狭路都会有出口的——他忘记了世界还有失败这回事，深信之前的人类已经为自己今天拥有的一切奋斗了许久，所以他也要成为真理、能量与美感的释放者。

充满热情的年轻人如果直面阳光，那么影子必然就落在他们身后。充满热情的心控制着年轻人的大脑与品格。拿破仑在25岁时征服意大利，亨利·柯尔克·怀特在21岁时去世，但他留下了多么伟大的记录啊！拜伦与拉斐尔都是在37岁这样一个充满活力的年龄去世，罗慕路斯在20岁的时候建立了罗马帝国，格拉斯通在早年就进入了英国的国会。

正是年轻人的热情才让他们斩断了所有难以解开的结。

纯朴与无邪的贞德手持神圣的宝剑与旗帜，对自己肩负的伟大使命深信不疑，让法国的士兵们感受到一种国王或是任何统帅都无法给予的热情。她的热情征服了一切，让英国士兵听到她的名字就感到头疼。查尔斯七世在听到这位勇敢的姑娘向莱茵河前进的时候，深受鼓舞，走上前线。因为贞德告诉他，国王可以在那里加冕。虽然当时这部分领土是在英国的控制中，在贞德率领军队前进的时候，所有城门都纷纷敞开。结果，加冕礼如期在那里举行。

正是热情让菲尔·夏丽丹朝着谢南多厄河山谷进发，击溃了那里的反叛军。正是同样的热情让古巴人推翻了专制残暴的统治，最终得到了来之不易的自由。

热情是一种精神上的力量。它在更为高级的能量中存在。你永远无法在低俗之人中感受到真正的热情。热情，就其本质而言，具有催人振奋的作用。

洛恩特根教授是一位对知识汲汲追求的人，最终这种对知识的热情让他成为在一片文明土地上家喻户晓的人物。唤醒沉睡的心灵，不要在那样迷茫了，不要整天做着白日梦了。因为，这对夜晚来说是一个不好的习惯，在太阳升起后，沉湎于美梦更是会对人生造成毁灭性的打击。不要成为依靠别人的人，而要成为一名充满热情的向上者。

不要害怕自己散发出来的热情。让别人把你称为热情者吧，即便他们说这话的口气显得那么怜悯或是带着点鄙视的语气。如果一件事在你看来是值得为之奋斗的，如果这种挑战需要你为之去做出努力，那么你就将所有的热情都激发出来吧，不管别人怎么说，怎么看。俗话说，笑到最后的人才是笑得最灿烂，最阳光的。那些三心二意，毒舌刻薄、自我怀疑或是充满恐惧的人，是不可能有什么大的成就的。

热情会让我们的心变得更加沉稳，让意志更有韧性。热情会让我们的思想充满力量，让我们自身充满行动力，直到我们将原先的可能性变成现实。

"你觉得怀特菲德先生怎样呢？"一位刚刚听过怀特菲德这位著名牧师演说的人这样问道。"他这个人？"一位造船者说，"先生，我告诉你吧。每个周六我都要去教区的教堂，每当听完布道演说，我会更有热情地去造船。要是没有怀特菲尔先生去拯救我的灵魂，我连一块船板都做不了。"

一块炽热的钢铁虽然很钝，但要比冷却锋利的钢铁更能穿透船板。

米开朗基罗所创作的"摩西"是为朱丽斯二世的陵墓创作的最大一尊人物塑像。现在，这座塑像安放在罗马维克利的圣皮尔特罗教堂。为了雕刻这座雕像，米开朗基罗耗费了40年的时间。据说，他在创作过程中过分投入，将人物雕刻得栩栩如生，以至于他竟然认为这就是真人。他曾冲动地拿着锤子朝着雕像砸过去——让人物得一条腿上出现了一道裂痕——而他却大声地说："说话啊！"因此，这个缺陷就是他一生心血之作的唯一遗憾。

莫扎特在他临终的病榻前说："看看音乐能够做什么。"

特达尔教授在研究的过程中，想要努力找寻如何将光和热分开来。他做了一个非常大胆的实验，即便是很多具有科学精神的人都不敢去尝试。他知道要是把碘酒涂在眼睛上，就能拦截进入视线的一部分光线。于是，他决定用自己的双眼做实验，去看看能否发现这些强大的无形射线。他深知，要是这样做的话，那么黑色的射线就会高度融入他的眼睛，那么眼睛的蛋白就可能会凝固，让他的视力受损。另一方面，要是眼睛无法大量吸收黑色射线，那么射线就会直接对视网膜进行破坏，足以损害视网膜。当他第一次在双眼毫无防备的情况下进行实验的时候，双眼接近黑色的聚焦，旁边围观的学生都非常紧张，整个场面让人窒息。他在一块铁板上凿出一个洞，逐渐接近无形视线的聚合处。一开始，瞳孔与视网膜都没有受到严重的损伤，而在将一块铂箔放在那个位置上，视网膜马上变得非常灼热。特达尔教授的实验最终取得了成功。

"人一无是处，"蒙田说，"除非他兴奋起来。"就像是初涉爱河的年轻男女会将最为丑陋的物体都看作天堂一样。

因此，热情会赐予很多无趣或是空洞的事物全新的意义。正如陷入爱河的情侣的感知能力会变得敏锐，对事物的看法更具洞察力，要比其他人更能看到事物的优点那样。同样，充满热情的人拥有一种提升后的洞察力，他的视野也会开阔起来，看到别人无法看到的美感与魅力，替代了原先所有的负累、匮乏、艰苦或是逆境。狄更斯曾说，他的大脑曾被小说故事的情节与人物个性等方面充实，心里只要想到这个问题，情不自禁就陷入进去，这让他无法睡觉与休息，只想着马上将脑海里的构思写下来。为了一次写作，他曾把自己关了一个月。出来之后，他就像杀手那样形容枯槁。他对人物个性的思考让他日夜魂牵梦绕。

奥勒·布尔从小就展示出对音乐的巨大激情。据一本他生平的传记介绍，任何事情都无法压抑这位少年的激情，音乐让他如痴如醉。在他家附近的维拉斯特兰岛上，现在仍有一个年轻的奥勒·布尔练习小提琴的洞穴。他曾在这里度过很多日夜，忘情地练习。布尔就是在这个寂静的地方练就了神奇的小提琴技艺，让他足以胜任每个公共场合的演出。正是他的热情，他的魅力与他的勤奋，让他克服了前路上所有的困难。在 20 岁的时候，他只与小提琴为伍，就只身前往巴黎了。他希望能够聆听世界著名艺术家的演奏，不断提高自己的水平。他与很多著名音乐家都成为好友，这些都为后人津津乐道。巴黎这座友好的城市认可了他的天赋，他在法国所掀起的热情是无与伦比的。

奥勒·布尔接受过神学方面的教育，后来，他又去学习法律，进入了律师公会。但任何的学习与自律都无法压制他对小提琴的热爱。

与很多天才一样，布尔的成名也要归功于他的热情。他来到波洛格纳，感到非常压抑，想要努力创作一首音乐。罗西尼女士碰巧经过他所住的公寓，她的注意力马上被悠扬的音乐所吸引。交响乐团最近正因为一批著名的演奏家的有失水准而受到批评，她马上找到了奥勒·布尔，结果获得了极大的成功，布尔从此踏上了一条享誉全球的道路。他与小提琴间的"情感交流"让观众如痴如醉。他喜欢与它交谈，非常爱护它，通过它表现自己的灵魂。小提琴也对他的爱护有所回报。正是他们之间的配合，让布尔成为一名可以打动听众的演奏家，如森林被暴风雨吹过一样。他在演奏时，世间似乎什么都不存在了。总之，他所展现出的音乐热情让人难以抵挡。

挪威人对布尔的所展现出的情感也是无与伦比的。在挪威，他是一位流行的偶像，有点类似于家家户户的守护神。他的脸部肖像挂在挪威的大街小巷，被印在茶杯、酒杯还有很多生活用品上。挪威赐给他很多荣誉，而布尔也非常慷慨地捐赠自己的财富。他的脸，红润的像在圣诞节时的教堂窗户，无论到哪里，都能带给人快乐。

"真正让他的脉搏为之跳动的，"赫胥黎说，"是对知识的热爱，发现古老诗人所赞美的东西所具有真正含义时的乐趣，到达一种极乐的境界，让人可以在法律与秩序的条件下，去追求无限伟大或无限渺小的东西。在两者之间，人类在其中奔波。科学上任何伟大的发现都非易事，无论他们多么有才能，真正需要的，是那些汲汲追求真理的人所激发出的灵感。"

德斯莱利将热情视为一种不可替代的能力，一种神性的天赋，让政治家可以去治理全世界。

格拉斯通的专注与热情时刻激励着与他共事的人。

菲利普斯·布鲁克斯的力量，就在于他那忘我的专注。

要是缺乏热情，没有人可称得上是伟大，也没有人可以做出伟大的事情。他可能是世界上最聪明的人，可能非常有才华，非常招人喜爱，受人欢迎，要是缺乏热情，他依然缺乏分量。任何打动人心的画作无不是蕴含着画家背后深藏的悲伤。

——皮特·巴恩

当普通人碰巧看到一位天才创作的作品，他是难以产生那么深沉、持久与热烈的情感的。他不会陷进去，更不会沉湎其中。只有忘情地专注，感受其美感所带来的激扬，一次次地审视，才能从中挖掘出全新的美感。

——罗伯特·沃特斯

无论我们的目标是什么，无论是在面对工作、娱乐或是其他精美的艺术品，无论谁想要达成某个目标，无不需要专注地工作。

——梅尔莫斯

第一章 热情

Success

当充满决心的年轻人学习了字母表之后，

你怎么可能抑制他对知识与提升自己的渴望呢？

|第二章|

在逆境中接受教育

我必须要往上爬，因为我生在地窖里。

——威廉·康格里利

在年轻人的辞典里，命运是为那些拥有积极品格的人准备的，根本没有诸如"失败"这样的字眼。

——布尔维尔

要是在尘世间不手持十字架，怎能想着到天堂后戴上皇冠呢？

——斯普杰恩

我知道，任何一本具有深度的文学杰作或是各行业里杰出的艺术作品，抑或是使它们的作者享有永恒声誉的作品，无不是人们在漫长的时间里，凭借着忍耐完成的。

——比砌

任何伟大，都与逆境并存。

——奥维德

虽然在抗争时，你的心会流血。

无论前路有多少挫折。

属于你的时间终将到来——前进吧，真正的灵魂。

你将赢得生活的奖赏，你将实现你的梦想。

——C.麦克

在大自然为人类提供最多物质的国家，那里的国民做得最少。在大自然几乎没有提供什么物质的地方，那我们可以在那里找寻人类发挥到极致的潜能。

——克尔顿

教育不能保证我们一定能取得成功，要想取得成功，还需要考虑其他方面的因素。但我要说，在所有条件平等的前提下，那些知道最多的人能做得更好。

——柯米斯

"那些真正生活过的人，"维克多·雨果说，"都是那些奋斗过的人，是那些有坚定勇气去实现心灵与视野都所能想象到的事情的人，他们感觉到未来光明的前景在不断催促着他们前进。"

"我曾认识一位黑人孩子，父母在他只有六岁的时候去世了。"费德里克·道格拉斯在他去世前在一间黑人孩子上学的学校发表演说时说道，"他是一名奴隶，没有人管他的死活。他睡在家畜小屋里肮脏的地板上。冬天的时候，他蜷缩在一个麻袋里，把双脚放在烧过的灰烬里，保持一定的温度。他经常要靠烧一串玉米来充饥，很多时候，他都要爬到仓房或是牲畜栏里找寻鸡蛋，然后就生火烤来吃。

"这个男孩根本不像你们有裤子穿，也没有整洁的外套。他从未上过学，只是通过一本老旧的《韦伯斯特字典》

来认字，经常只能阅读地窖或是仓房里张贴的文字，并撕下来练字，当然其他孩子也会帮助他。他后来成为了总统选举团成员，成为了美国元帅与外交家，并且积累了一定的财富。他穿着麻布，不再需要与桌子下面的小狗来争吃面包屑了。这个男孩就是费德里克·道格拉斯。"

"我能做到的，你们也能做到。不要认为你们是黑人孩子，就认为自己一事无成。认真努力学习知识。只要你依然处在无知的状态，你就会落后于你的同胞。

"在我还是一等兵的时候，每天要花费六分钱去学习语法知识。"威廉·柯波特说，"我所睡觉的铺位既是我的小床，也是我学习的地方，我的背包就是我的书箱，我在大腿上放一张木板，这就是我写字的桌子。我花了一年的时间就把语法知识学会了。我没有钱去买蜡烛或是油。冬天的时候，我根本没有办法去买这些，只能生一堆火，并且在我值夜班的时候才能这样做。为了买支笔或是一张纸，我不得不放弃部分食物，这让我时常处于半饥饿的状态。我几乎没有什么属于自己的时间。我必须要在那些没有思想的人在高谈阔论、大笑、歌唱、吹口哨或是放声痛哭的时候认真阅读与写作。我还记得，在某个时候，好像是星期五，在所有必需的花销过后，我的口袋只剩下半分钱了，我决定第二天去买一条熏青鱼来吃。但在晚上的时候，我感到极度饥饿，甚至不愿意忍受这样的生活了：我发现我丢掉了那半分钱。我痛苦地把头埋在床单与被子里，像个小孩那样子哭了。

"如果我，"他说，"在这样的情景下，都能够直面困难并且加以克服的话，那么，这个世界还有什么困难是当今青年不能克服的呢？他们还好意思去为自己的碌碌无为找借口吗？"

还有比威廉·柯波特这个在逆境中求学的例子更加励志的吗？

"父亲，没关系的。失明不能阻挡我的人生取得成功。"年轻的法学专业学生亨利·法维克特在他的父亲为无意中导致儿子失明，从而让儿子失去美好的未来而自责的时候，这样安慰父亲。

在 1853 年晴朗的一天，父子两人一起去打猎。一群鹧鸪飞到一个栅栏上，他的父亲冲上前的时候，这群鹧鸪飞到他儿子身边。这位父亲当时只想着快点将鹧鸪打下来，没有想到儿子可能面临的危险，他的几颗子弹射进了儿子的胸膛，其中一颗子弹击碎了法维克特的眼睛。在那瞬间，法维克特失明了。

但在这场让他永远失明的事故的十分钟后，这位有着钢铁般神经的男孩已下定决心，一定不能让失明动摇他的目标。

"你可以读报纸给我听吗？"这是在他回家后对妹妹说的第一句话。

他不得不放弃法律专业的学习，开始学习政治经济方面的知识。他以一种特有的热情去坚持学习，让他的朋友在他空闲的时候读书给他听，其中包括弥尔顿、布尔克、华兹华斯的作品，还有乔治·艾略奥特的全部小说以及其他许多文学作品。因为他已经下定决心，不能让失明影响他的文化程度。

他后来成为了剑桥大学的政治经济学教授，国会议员，后来又成为了英国的邮政大臣，并且是几本优秀著作的作者。

1880年6月27日，海伦·凯勒出生在阿拉巴马州，她的父亲曾是联盟军的军官，后来成为美国的一名将军。在海伦7岁之前，任何努力都似乎无法挽救她无望的人生。在她18个月大的时候，除了触觉之外，她就失去了其他的感觉功能。1887年，安妮·M.苏利文老师来到阿拉巴马州，成为海伦的私人老师。从那时起，苏利文老师的人生就投入到帮助海伦接受教育中去了。

海伦·凯勒，在苏利文这位朋友兼老师的帮助下，在老师开始教她学习的9年里，智力得到惊人的发展，参加了专门为年轻女士准备的剑桥学校的入学考试。剑桥学校的教学官亚瑟·吉尔曼先生第一次见到海伦时，就发现海伦对很多方面都有深入的了解。因此，他让海伦参加了哈佛大学的预备考试——这些试卷都是为那些申请进入哈佛大学与拉德克里夫学院的学生准备的。虽然海伦对大学入学考试没有什么准备，事实上，她对任何考试都没有什么准备，但还是以优良的成绩通过了。海伦的考试时间与其他正常考生的时间是一样多的，但是问题必须要读给她听，这反而留给她答题的时间更短一些。海伦在考卷上的回答是非常标准的英文，无论是在语法、拼写或是主题方面，都没有出现什么错误。哈佛大学的考官一致同意，按照评判其他考生的标准来评判海伦，海伦的成绩是绝对可以通过的。考试的科目包括英文、法文、德文与历史。最终，海伦通过拉德克里夫学院的预备考试。对于只有16岁的海伦来说，经过短短9年的学习，就能取得这样的成就，是非常不容易的。在剑桥大学，海伦在普通同学的课堂上学习拉丁文、历史与算术。苏利文老师一直陪伴着海伦上学，这两位好朋友住在康科德大街上霍维斯的房子里，其中一幢家庭建筑与学校是相连的。海伦，这位高个子、一脸阳光的16岁女生，总是怀着愉悦的心情对来访者说自己为到拉德克里夫学院所做的准备。贝尔教授幽默地说，海伦要比这个国家所有的沉默之人都说得更好。即便是到拉德克里夫学院学习，她的这个年龄依然很小，即便是再过两到三年，与其他入学的学生相比，也并不显得很大，虽然她在洞察事物与智趣上要比同龄人成熟许多。海伦在她的那些聪明的朋友中非常受欢迎，所有人都对她充满好感。

海伦对身边的人的心理状态非常敏感，能够在接触某人后，就知道此人是开心还是不高兴。她总是希望能从别人的个性中吸取一些有用的东西，与此同时，她对别人的提问总是回答得很得体。

如果这样一位聋哑盲的女孩能够在接受知识方面取得如此迅速的进步，在她16岁的时候就通过哈佛大学的考试。那么，那些身体健康、心智健全的男孩女孩，即便只拥有寻常的能力，要是能发挥自身的天赋，努力学习的话，也肯定能有所作为。

几年前，一位英国女士在看报的时候，读到美国一位名叫 A. 格雷汉姆·贝尔的教授发明了一套适用于聋哑人使用的有形拼写系统，她就跟丈夫说希望让她到美国去学习这套系统，回来教自己天生聋哑的女儿。丈夫嘲笑她这样做是非常愚蠢的，因为他们家很穷，根本没有这样的财力。除此之外，她也不知道如何运用那套复杂的系统去帮助自己的女儿。但是，眼前任何的"不可能"都无法动摇她对目标的追求。她来到美国，找到贝尔教授，学会了那套拼写系统，回到英国后，她不仅教会自己的女儿说话，让她从安静沉闷的世界里解脱出来，更去教其他同样聋哑的孩子学会拼写，为很多原先悲惨的人带来了快乐、知识与美好。

林肯的父亲不识字，也不会写字。他家里只有《圣经》与《天路历程》。后来，他们搬到伊利诺伊州，年轻的林肯为了生计，砍过树，扎过铁轨。当他拥有《鲁滨逊漂流记》《华盛顿的人生》等书时，他就觉得自己非常富有。今天美国的年轻人所拥有的机会都要比亚伯拉罕·林肯更多，即便是很多像林肯那样出身的年轻人，也拥有比林肯更多的机会。

他后来想做邮递员，因为这样就有机会到城镇阅读一些书了。凡是拿到他手上的书，他都要看一下，其中包括《圣经》《天路历程》《华盛顿的人生》《富兰克林的人生》《亨利·克雷的人生》及《伊索寓言》等。他反复阅读这些书，直到几乎能在心中倒背如流。他所接受的教育，都是从报纸或在与人打交道中学会的。每当他读完一本书，都会写一下自己的感想。这位身材高大、面容瘦削的乡村年轻人在木屋的火炉边，躺着看书，屋里没有地板也没有窗户，在每个人都入睡的时候，他如饥似渴地阅读着自己走了很多路、穿越荒野借回来的书，因为他没钱去买！这样的情景是多么让人动容啊！

托马斯·艾斯恩，这位被坎贝尔爵士称为最伟大的律师与最有口才的人，也是经历重重困难才开始自己的律师生涯的。虽然他拥有难以动摇的自信——这一成功的必备素质，但他还是经历了多年的艰苦岁月，才取得今天的成就。他父亲的收入要培养他的两个哥哥已经很费力了，所以，他小时候几乎没读过什么书，只是看过几本书而已。他当时的生活非常拮据，杰瑞米·本塔姆曾这样描述过他："寒碜的衣着让人印象深刻。"即便如此，他深知自己有能力在更大的舞台上展示自己。所以，他怀着坚定的信心勇敢地与逆境作斗争。一次偶然的谈话，让他有机会担任一件重要案子的辩护律师。最终，他为客户赢得了官司，展现了无与伦比的辩论口才。仿佛在一瞬间，他的人生轨迹发生了变化，从原先的一无所有，到拥有丰富的物质，从绝望的深谷到达希望的原野。那天早上进入韦斯特敏特法院的时候，他依然是个穷光蛋，但走出来的时候，已经差不多是一位富人了。在法官站起来宣布案件结束时，很多客户都拿着文件走到他跟前，希望他能帮助打官司。从那时起，他的人生发生了转变，找他官司的客户越来越多，最后，他的年收入达到一万两千美元。

"我聋了，"贝多芬说，"在其他职业里，这可能还是可以忍受的。但在我的职业里，这简直难以承受。"正是他崇高的意志力让他坚持下来，最终他用音乐来让自己的人生得到了最大的释放。

一个世纪前，一位贫穷男孩为牛津大学的学生擦鞋。他凭借着超强的毅力，克服了重重困难，一步步地往上爬，最后成为了世界上最伟大的牧师之一 ——他就是乔治·怀特菲尔德。

亚当·克拉克博士曾是一位贫穷到没有鞋子穿的爱尔兰男孩，但他不畏逆境，对知识充满着渴盼，经常步行几里路去阅读一本他非常喜欢但又没钱购买的书。

虽然哈里亚特·马丁内乌是一位出身贫穷的女孩，但她善于利用每一分钟的闲暇时间。她说："我的口袋里装着一本书，我的枕头下也放着一本书。在我吃饭时，我的大腿会放着一本书。我坐在脚凳上，靠着木材点燃的火光看完了《莎士比亚全集》。"

加菲尔德曾为别人砍树来支付一个学期的学费，后来为了有机会到海勒姆学院就读，他做过打铃人与清道夫。他用三年的时间完成了大学六年的学业，可想他是多么用功。

"那个男孩迟早会超越我。"一位老画家在看到一位名叫米开朗基罗的小伙子在画室里所画的盘子、灌木丛、画架、凳子及其他画作后，这样说道。后来，这位赤脚的男孩克服了前路上的所有困难，成为世界上最为著名的艺术家。

1874年，一位操苏格兰口音的贫穷少年在南波士顿的一间机械厂里工作。很多与他一道在机械厂工作的男孩一直都没有想过要摆脱自己无知的状况。对他们来说，要接受大学教育，这是非常不现实的，努力实现这个梦想的念头也是愚蠢的，但这位苏格兰少年并不这样认为。他内心有某种声音催促着他，激励着他不断发挥自身的潜能。在一位心善的牧师的帮助下，他最终上了大学，并且以优良的成绩从哈佛大学毕业，后来在新英格兰最大的一间公理教会当了牧师。也许，我们可以说，戈登博士是新英格兰最有影响力的公理教会牧师。

贺拉斯·曼——马萨诸塞州公立小学系统的创始人，就是一个凭借一颗勇敢的心不断克服困难，最终取胜的光辉榜样。上大学，这是他年轻时候的梦想。为了赚取上学费用，他曾编织过稻草帽，每年只上八到十周的课程，但他对知识的渴望让他克服了所有的困难。最后，他进入了布朗大学。

他曾经非常贫穷，绝大多数的男孩都不愿意过那种拮据的生活，也没有像他这样的决心。"工作，"他说，"对我来说就好像鱼遇到了水一样。"他在给家里人写信道："我上次的那九分钱已经离开我的口袋很久了。我相信努力能够让人成长。事实上，它的确让我成长了。"贺拉斯在国会里替代了亚当斯成为了议员。亨利·威廉曾这样评价他："从他的口中，说出了这个国家与其他国家关于自由最为重要的篇章。"后来，他被提名担任马萨诸塞州州长，而且在同一天，他当选为安提阿大学的校长。他接受了校长的职务，并以极大的热忱去履行自己的职责，直到人生最后一刻。

年轻的德国男孩杰·保罗·里奇特觉得，要是自己能够从心善的牧师那里将这些书全部抄写下来，那是非常好的事情，因为他没钱去买这些书。一有时间，他就抄下这些书，在长达四年的时间里，他已经抄下了很多本书，可以说拥有了属于一间自己的图书馆。对于这样一位有毅力的男孩来说，世界上还有什么障碍能够阻挡他呢？

保罗下定决心到莱比锡城上大学。他身无分文，在那里也没有任何朋友，但他还是希望能有机会去学习！他不仅身无分文，而且穿得很破烂，为人很羞涩，根本不知道该怎么做。年轻的保罗一直在坚持创作一本书——《愚蠢的赞词》，他想让这本书成为他的一笔财富。他将这本书寄给出版商，但等了几个月都没有音讯。最终，这本书被退回来了。

他花了半年的时间写了另一本书《绿地》。他越挫越勇，亲自拿着宝贵的手稿到莱比锡找各个出版商，但所有的出版商无一例外都拒绝了他。他将手稿寄到柏林。一天，在他饥肠辘辘之时，从柏林那里寄来的一封信，有人愿意为他的书稿出 70 美元的价格。这对一位深陷贫穷、苦苦挣扎的 19 岁少年来说，是美好的一天。但他的第二卷与第三卷都被退回来了。他要么放弃大学学业，要么就要挨饿了。他发现写作之路非常坎坷。他只剩下一点钱，要是支付了房租，就没钱填饱肚子了。于是，他半夜回家，回到了母亲身边。但他在莱比锡的房东跟着他来到了他的老家。最后，他找到了一位朋友为他做担保，才免于被讨债。家里的其他弟弟妹妹都挤在一起，母亲正在一张桌子上做着针线活，每天都做到深夜，为子女赚取买面包的钱——她的孩子也处于饥饿的状态。

但保罗这样写道："人们在贫穷时到底有什么可抱怨的呢？贫穷就像女人在穿耳时所感到的疼痛，然后在伤口处挂漂亮的珠宝。"最后，这位虽然有点沮丧，但始终保持积极心态的年轻人终于以小说《无形的小屋》一炮打响。这本小说让他得到了 226 美元，他拿钱后，马上给母亲送去 70 美元。这是光荣的一天！每个人都在讨论这本伟大的小说与那位终于出名的穷小子的艰辛历程。

很多名人都给他寄来祝贺的信件。他受邀到皇宫与歌德、席勒这样的人物见面。他在给母亲写信时说："再过几天，我就在魏玛住了超过20年了。我感到很开心，真的非常开心。我获得的东西不仅超过了预期，简直让我无法用言语来形容。"在母亲去世后，他在家里找到一张纸，上面记录着母亲半夜编织毛衣所赚到的微薄薪水。从此，他将这张纸一直留在身上，直到去世。他的代表作《提坦》像风暴一样席卷世界文坛，取得空前的成功。他一生留给世界一百多卷的作品，还有一个高尚与富于美德的人生。

"我有钱上大学吗？"很多身无分文的美国青年都会这样自问。他们深知，要是上大学的话，就意味着多年的牺牲与奋斗。

诚然，对那些心怀大志想要有所作为的年轻人来说，不得不为自己上学与大学教育而奋斗，这是相当不容易的事。但历史已经证明，那些引领时代潮流的人一般都是那些自学成才与自立自强的人。下面就是几位自学成才的杰出人物：本杰明·富兰克林、乔治·华盛顿、詹姆斯·瓦特、斯蒂文森、莎士比亚、拜伦、惠蒂尔、加里波第、林肯、格里利、狄更斯与爱迪生。

下面是几位上过大学的优秀人物：丁尼生、罗威尔、霍姆斯、艾默生、朗费罗、韦伯斯特、查尔斯·金斯利、罗斯金、俾斯麦、达尔文、托马斯·阿诺德、雪莱、福禄贝尔、吉本、杰弗逊、汉密尔顿与牛顿。

林肯到华盛顿参加第一次总统就职典礼前，路过鲁特杰斯学校，有人介绍了这所学校。林肯感叹地说："唉！这是我一辈子的遗憾——没有接受过大学教育。那些接受过大学教育的人都应该感谢上帝。"

今天那些想要接受大学教育的年轻人，你们的机会要比丹尼尔·韦伯斯特或是詹姆斯·加菲尔德多上几百倍。正读着这段文字的年轻人，只要你们身体健康，都可以肯定一点，那就是如果你们真的有志向去上大学的话，就一定有机会上。美国与其他国家一样，肯定有年轻人接受教育的机会，只要你有坚定的意志、不可动摇的目标，就肯定能行。

如果你父母还有一定的经济能力，能够供你读四年大学，能够给予你一些经济上的支持，如果你的身体足够健康能够吃苦耐劳，如果你之前接受的教育足以让你通过大学的考试，那么，你就欠自己及那些未来依靠你的人一次接受大学教育的机会。如果你不断提升自己接受教育与赚钱的能力，那么你肯定可以以优异的成绩毕业。

环境并没有青睐那些伟人。出身卑微也不是我们取得伟大成就的阻碍。那些为了上大学而不断努力的贫穷孩子，肯定要经历一段艰苦的岁月。但他们会学到如何战胜生活的挫折，通常能在学校里有更好的表现，要比那些百万富翁的子女有更加优异的成绩。正是那些农民、机械工人与操作工人及这个国家的许多平民子女，虽然面临金钱的困境与少得可怜的机会，但他们正是我们这个国家未来所需要的栋梁之才。在缺乏金钱与时间紧迫的情况下，依然能够解决上大学这个问题，这对每位从贫穷家庭出来的孩子与整个国家都具有重要意义。很多聪明的年轻人所取得的成绩给我们带来了鼓励与积极的榜样，证明他们为之奋斗的大学梦是非常具有价值的。

"如果一个人能让钱包去丰富大脑，"富兰克林说，"那么谁也无法将他的这些'金钱'抢走。对知识的投资永远都能收获最大的回报。"

文森特博士说："如果我想让儿子做一名擦鞋匠，我也要首先让他接受大学教育。"

"我进大学的时候，口袋里只有 8.42 美元。"阿莫赫斯特学院一位毕业生说，"在大学第一年，我赚了 60 美元，获得了学校的奖学金 60 美元，还有另外 20 美元的生活津贴，向人借了 190 美元。我大学第一年每周的生活费是 4.5 美元。除此之外，我花费了 10.55 美元去买书，23.45 美元去买衣服，10.57 美元用于订阅报刊，15 美元用于铁路车票，8.24 美元用于其他生活用品。"

"在第二个夏天，我赚了 100 美元。大二的时候，住宿费是 4 美元，租出原先的宿舍，租金每周是 1 美元。第二年的花费是 394.5 美元。在这一年，包括住宿赚到 87.2 美元，获得奖学金 70 美元，学校的津贴是 12.5 美元，向人借了 150 美元。这些钱刚好够我的花销。"

"大三的时候，我租了一间装修过的房子，一年的租金是 60 美元，我同意为房东做事来偿还。我到教堂做过一些事情，赚了 37 美元，而且还包吃。我获得学校的奖学金 70 美元，生活津贴是 55 美元，向人借了 70 美元，除了还有 40 美元的学费，数目就刚刚好。这一年所花销的费用，当然包括住宿、吃饭与学费等，一共是 478.76 美元。"

"在大三结束的那个夏天，我赚了 40 美元。在整个大四，我都是住在原先那个房间，其他情况与往年一样。我在外打工，包吃包住。通过到教会做事，去做私人辅导，赚了 40 美元，借了 40 美元，获得学校奖学金 70 美元，赢得 25 美元的优秀奖，还有 35 美元的生活津贴。大四这一年的生活费用是 496.64 美元，花费明显要比前几年更多。但我在毕业后已经找好一份老师的工作，我也可以借一些钱来暂时缓解一下经济压力。所以，我在没有出现经济拮据的情况下，完成大学学业，顺利地毕业。"

"大学四年的总花费是 1708 美元，其中还包括奖学金的费用，我赚了 1157 美元。"

理查德·威尔在大学四年里，以每年都能获得哥伦比亚大学的奖学金而著名，他将时间、精力与注意力都投入到任何能够带来回报的事情上。他非常努力地去工作赚钱。在大学四年里，只要他没有睡觉，他都会将每分钟投入到学习或是赚钱上，保证自己有经济实力去接受教育。

耶鲁大学 1896 届有 25 名学生是完全靠自己的能力来赚取大学学费的。这些学生从没有放弃任何能够供他们上大学的赚钱机会。他们做过辅导老师、抄写、新闻出版或是类似于牧师助理等工作，有些做过业余画家、鼓手、机械工、自行车经纪人与邮递员等等。

哈佛大学 1896 届毕业的一位学生被称为"整个班级最牛的人物"，他靠着各种方式支撑着自己读完大学。一位名叫牛顿·亨利·布莱克的学生不仅半工半读，而且还在三年的时间内完成大学四年的课程，顺利毕业。

威廉斯学院 1896 届毕业的 64 名学生中，有 34 名学生完全凭借自身努力赚钱来完成学业。当然，他们都获得过学校提供的奖学金。

在我上大学那会儿，一位贫穷的黑人学生在没有任何人的帮助下，凭借自身努力完成法学专业的学习。他实在是太穷了，甚至没钱租房子，他经常睡在法学院图书馆的长凳上。很多穷人的孩子都比富二代更加勤奋，因为对富二代而言，上个大学只不过是例行公事而已。

上面所说的这些接受过良好教育的年轻人都顺利从学院或是大学毕业了，他们都是1896届的毕业生，因为他们相信——非常相信一点——那就是大学是他们必须要上的。他们是否有足够的金钱上大学，这个问题似乎不大可能动摇他们的决心。显然，他们一刻也没有让金钱阻挡他们实现上大学的愿望。

实际上，上大学的费用并不像人们想象的那么多。还有，很多著名大学都会提供丰厚的奖学金。一般而言，大学四年的学费在1500到2000美元之间，或是略微多一点，但是1896年毕业的大学生证明他们是有能力赚到这笔钱的。事实上，很多毕业生在他们刚上大学的时候，都不知道未来半年的花费该从哪里来，但他们照样赚来了。

在耶鲁大学1896年毕业的学生中，一位学生的最低花销是每年100美元。据另一位学生的准确计算，在大学四年里，他的总共花费是641美元。

普林斯顿大学1896年毕业的每位学生平均每年的花费是698.78美元，其中一位学生最低的花销是195美元。其中，有 17 名学生在大学期间是完全半工半读的，46 位学生还需要父母一点的支持。

每位年轻的男女都应该认真审视这点，而不要觉得根本无力支撑自己上大学的费用。

知识就是力量。

没有缺乏力量的知识。

——艾默生

一知半解是危险的：

要么大口喝醉，要么不要去品尝诗泉的味道。

——蒲柏

第三章

世界的游戏

Success

每个人都为这个世界美好的东西而努力。

拥有原本不是自己的东西要比浪费掉更糟糕。

金子！金子！金子！金子！那么善良，那么金黄，那么坚硬，那么冰凉。融化后，雕刻、锤击，很沉重，但很容易携带，便于储存、讨价还价、挥霍与施舍，年轻人对此不以为然，老人爱之如宝。在教堂那边松软的土地上，埋葬着为金子而犯下的罪孽。

————胡德

崇拜黄金有两个主要特点：在没有圣堂的地方无不崇拜，在充满虚伪的地方无不崇拜。

————科尔顿

不想相信那些自称鄙视富人的人，因为他们想做富人都想得绝望了。

————培根

这个沉重的事实在任何地方都得到证明：穷则思变。

————约翰逊博士

这个世界上，没有比贫穷制造更多的罪孽了。

————戈德史密斯

贫穷时想要很多，而贪婪时则想要一切。

————塞勒斯

得到你想要的，就是富有之人，但在一无所有的情况下依然能获得自己想要的，这需要能力。

————乔治·麦克唐纳

要是没有一颗富有的心，财富不过是个丑陋的乞丐。

————艾默生

财富是最不可靠的"抛锚"。

————J.G. 贺兰

金子能让激情冷却，让理智的光辉闪耀吗？
我们能从矿山里挖出和平或是智慧吗？

————杨格

财富带来深沉的满足感，是因为意识到自身所拥有的力量。除此之外，财富为我们获得更高层次的愉悦提供一条通道，满足我们接受教育与艺术方面的需求。拥有财富的乐趣在于服务社会与人类。

————R. 赫伯尔·牛顿

"林肯先生，这两个孩子怎么了？"一位邻居看见林肯站在两位大哭的男孩时，惊讶地问道。

　　"你应该问，为什么这个世界会变成这样子？"林肯回答说，"我有三个核桃，他们每人都想要两个。"

　　"人们所追求的玩物，"艾默生说，"土地、金钱、享受、权力与名声——这些其实都是相类似的东西，只不过上面镀了一层金，让人产生迷惑而已。"

　　一位贫穷的妇女第一次来到海边，长时间盯着无边无际的大海，然后说自己感到非常开心，因为这是她人生中第一次感到充实。但谁见过一个说自己已经拥有足够金钱的男人呢？

　　罗斯柴尔德在听到阿格内德家族的掌门人去世后，问道："他留下了多少钱？""2000万美元。""你的意思是

8000万美元?""不是,是2000万。""我的天啊,我一直觉得他生活得不错啊!"一位相当有钱的富翁说道。

古希腊人喜欢住在乡村,认为乡村的生活要比城市的生活更加优越。在中世纪,拥有财富被视为一种犯罪,受人鄙视。希腊人与罗马人都会嘲笑那些只有财富的人。在但丁的《神曲》里,脖子上悬着一个钱包会招来别人的谴责。即便是北美印第安人也觉得那些靠偷窃发家的人是非常可耻的,他们都以自己的贫穷为光荣。在托马斯·莫尔所著的《乌托邦》一书里,黄金是受人鄙视的。罪犯要被套上黄金做的锁链,耳朵要穿上黄金做的耳环,以示那里的人都对财富不屑一顾。品格不良的人必须要佩戴黄金做的弓形环。钻石与珠宝都被当做婴儿的首饰,年轻人更是对这些东西非常鄙视,毫不在乎。

但是,今天没有几个人会再去崇拜贫穷。狂热之人可能会攻击那些累积财富的人,牧师可能会谴责财富所带来的伤害,但即便是赞美贫穷最为流利的布道演说,也只能招致听众们的厌烦。"贫穷这种状态是没有人愿意选择的,除非是迫不得已,或是不愿意为了富贵而出卖自身品格。那些大声疾呼说要反对这个世界追求美好东西的人——其实就是在反对金钱——这样的反对不过是在浪费口舌。"

无论一些人怎么说,金钱都是推动商业世界不断发展的重要力量，也牵动了千万人的神经。要是没有钱，世界就陷入停顿，任何事情都只会待在原位。追求财富，是提升道德的一个重要方面。

我希望能让阅读这本书的年轻人知道一点，就是贫穷所带来的匮乏与恐惧。我希望让读者感受到一点，贫穷是一种耻辱，让人无法动弹，带给人无尽的痛苦，直到你发誓一定要摆脱它。

大自然存在"优胜劣汰"的法则，不断追求财富、追求金钱的人才能存活，但如果他们过分地喜欢金钱，甚至到了一种扭曲的病态，危急到社会的安定，那么，自然的法则也会让他们因为对金钱、力量与成就的过分追求而走向毁灭。

"一些人天生就有赚钱的天赋。"马修斯说，"他们有一种积累财富的本能。他们有一种将美元变成达布隆金币的天赋，通过不断的交易与精明的投资，拥有巨大的财富，并能很好地管理这些财富，他们在商业上的表现就像莎士比亚创作出《哈姆雷特》与《奥赛罗》，贝多芬谱写交响乐或是莫斯发明电报一样。要是后面这些人放弃了原先的职业，而一心想着去赚钱的话，那无疑是对自身天赋的严重侮辱。而诸如罗斯柴尔德、阿斯特或是皮博迪这样的人，要是违背了他们经商赚钱的本能，想着去从事文学创作的话，也同样违背他们的本性，对他们的才华也是一种侮辱。"

很多人之所以失败，是因为他们低估了金钱的作用，而非高估了金钱的威力。

"在贫穷的时候，人的活力受到限制，生活品位会降低，身体会出现更多毛病，人会觉得更加软弱，当然，寿命也会更短。"

要是不能自立，谁也无法成为真正意义上的人。要是一个人总是感觉到背后有东西在绊着你的脚步，让你永远受制于环境的影响，无法真正发挥能力，或是让你不得不要依靠别人，那么你又怎能将自己最好的东西发挥出来呢？对于年轻男女来说，还有比感觉好不容易挨过了今天，明天又是贫穷的一天更让人觉得耻辱的吗？

要是一个年轻人有能力摆脱贫穷的话，那么他就没有权利继续沉沦其中，因为他肯定会日渐消沉，最后无力挣扎。他的自尊需要他勇敢地与贫穷作斗争，他有责任让自己身处在一个具有尊严与独立的位置，在遭遇疾病或是出现其他紧急情况时，保证不会成为自己朋友的负担。

无论其他人怎么说，对财富的追求不仅是合情合理的，更是我们的一种责任。如果一个人要想成为独立的人，并且他的财富也是凭借合法手段得来的，那么追求财富的过程会扩大他的影响力，增强他的能力。要是他能避免受到狭隘、堕落或是不良的影响，那么他对财富的追求就会激发他的潜能，增强他的判断力，提升他的品位，让他的道德与智力能力更上一个台阶。"灵魂不仅可以通过微积分的研究得到提升，也能通过算账的方式得到锻炼，在日常的买卖中能够锻炼我们的算术能力，就像我们在数星星一样。"

在欧洲，每当面包的价格上涨，犯罪率就会上升。当一个人肚子饥饿的时候，很难让他保持美德。他们对未知的恐惧容易让他们无视法律，做出犯法的事情。

无论一些人怎么说，贫穷无疑具有一种让人变得狭隘、自轻与猥琐的倾向。贫穷让人看不到希望，看不到未来，更没有什么乐趣可言。贫穷会压抑我们的天性，通常让那些原本可以过得快乐的人感到痛苦。每个年轻男女都有责任去远离贫穷，获得自由，找寻人生的财富，自由地飞翔。

如何应用金钱能够彰显一个人的品质。金钱就是我们自身品质的指示器，会展现出我们的品味，将我们内心的秘密都暴露出来。"在获取金钱、存储金钱、消费金钱、赠予金钱等方面做到有节有度的人，堪称是完美的人。"

我经常想到一个问题，就是如果我真的有钱了，我肯定会向在街上遇到的100个人每个人发放1000美元，看看他们如何使用这些钱。

对那些为了接受教育而奋斗的贫穷孩子来说，这笔钱意味着书本与可能的大学之梦；对那些注重潮流的年轻人来说，这意味着时髦的衣服、奔驰的骏马与舒适的生活；对一位还要养活残疾母亲的贫穷女孩而言，这意味着姐妹们的衣服与教育费用……一千人肯定会有一千钟不同的花钱方式。

看到很多老人在大街上乞讨面包，这真是让人感到悲哀的事情，但更让人感到悲哀的是，看到那些年迈的百万富翁在即将走向坟墓之时，依然为了守住钱包而让自己的心灵挨饿，他们对金子的贪婪已经将他们人生中最美好最高贵的东西都抹杀了，他们对美好事物的盼望消失了，感受不到真善美了。还有比看到这样一个只想荷包鼓起来，却任由心灵萎缩的人更让人觉得可怜的吗？

成为富人，这根本不是一种罪恶，有想要变富有的念头也不是罪恶。真正的错误在于我们过分追求财富了。

"在不伤害你的灵魂、身体及邻居的前提下，尽可能多赚点钱，"约翰·韦斯利说，"尽可能地节省金钱，减少不必要的花销，尽可能地施舍给别人。"

你要小心一点，不能在赚取财富的这个过程让自己失去太多，因为"一个人要是失去了自己的灵魂，即便赢得了全世界，那又怎样呢？"我们一定不能让财富把我们困住，而要成为财富的主人。对于国家而言，这样的道理同样适用。西班牙从南美洲大肆搜刮黄金，最终让西班牙堕落了，使得西班牙的商业一蹶不振。

一旦财富让我们失去提升自我的力量，那么它就变成一种诅咒了。很多富二代继承的财富反而让他们的人生变得失败，最后郁郁而终。但是，金钱也是很有爱的，虽然很多人将它称为罪恶之源。

据说，在一些人祝贺约翰·阿斯特所拥有的财富时，他指出自己所拥有的债券与财富，同时向祝贺者反问道："你愿意只是为了一个落脚地方及衣服而操这样的心吗？"那人表示不愿意。"先生，"阿斯特接着说，"这就是我所能得到的全部。"

"我要向你们提醒一点，那就是财富并不能必然带来幸福，贫穷也并不一定就是不幸。"比砌说，"在踏入人生的旅途时，不要抱着这样的想法，即只要口袋鼓起来了，灵魂自然也就丰满了。一个人的幸福首先取决于他的性情：如果他拥有良好的性情，财富会给他带来愉悦，如果他为人躁动，那么财富只能带给他邪恶。"

那些自私之人是不可能真正富有的。金钱就像是高山流下来的清泉，若能按照水往低处流的原则，那么水最终都会汇聚到山谷的河流上。当水从高山上流下来的时候，会让河岸两边的青草变得更加翠绿，让河边能感受水带来的财富。美丽的花朵在河岸边生长，在流光溢彩的河边微笑着摇摆。一旦这奔腾的水流被阻隔了，那么山谷就会干涸，那里的花朵与植物都会枯萎。水也失去活力，曾经一度充满欢乐与生机的山谷，就会充斥有害物质与细菌。原先美丽的清泉变成一潭死水，小鹿也不敢到之前那个美丽的小溪边喝水解渴了——原先的祝福变成了一种诅咒。金钱也是如此：在自由公平流通的时候，它有助于人类的发展，一旦这种正常的流通因为某些人囤积、浪费或是肆意挥霍而停滞的话，就会变成一种诅咒，让心灵变得僵硬，让怜悯心耗尽，让灵魂变成沙漠。

金钱本身并不能增加那些金钱拥有者的价值，这也并不是我们真正价值的衡量标准。金钱本身隐藏着追求美德或是邪恶的机会与途径，要根据金钱拥有者的品格来决定，金钱到底是有益还是有害。

骄傲者追求金钱——因为金钱能带给他们力量、地位与头衔，让他们从同辈人中脱颖而出。他们不愿意做普通的针线，被人用飞梭来回地穿插，然后紧紧地挨在其他针线的身旁——这对他们来说是一种耻辱，无法带来骄傲。

虚荣者需要金钱——因为金钱能让他们购买华丽的衣

服、宝贵的饰物、富丽堂皇的住宅、豪华的马车，以及光鲜亮丽的珠宝。

追求品位之人需要金钱——因为这让他们可以获得美好、高贵与富有教益的东西。

爱需要金钱——营造一个充满爱意的家，让父亲、母亲与孩子都能健康地成长。

宗教信仰需要金钱——让金钱成为使者，传递爱意，救济那些匮乏、遭受痛苦的人，拯救那些无知的人。

真正衡量你财富的，不在你所拥有的财产，而在于你怎样使用金钱。

几个月前，一位百万富翁去世了。有人问的第一个问题是："他留下了多少钱？"有人回答说："他留下了全部身家，只是寿衣上没有可以装钱的口袋。"

愚蠢之人所拥有的财富，就像是一个基架，他累积的金钱越多，那么他所处的位置就越高，而他的缺陷就为更多人所熟知。

贝克里主教宣称自己是英国最富有的人，因为他已经养成了一种将所有能带给自己快乐的事物都视为自己财富的习惯。当代，很多只追求财富的人都蹲进了监狱。

伊萨克·沃尔顿曾说："金钱带来好处的同时，也带来许多烦恼。"约翰逊博士说："如果一个人一年收入有600

英镑，就能过得很好，那么如果他一年能赚 6000 英镑的话，肯定就能比之前快乐十倍啊。"但是，现实世界里的富翁们的故事并不遵循这个道理。那些富人们从来都没有摆脱过内心不满的心情，这种心情吞噬着他们的快乐与纯粹的乐趣——自私与嫉妒、不满与恐惧、不安、贪婪、操纵一切的欲望，那种"永远都不够"的心态，在他们内心越发膨胀，让他们的渴望越加强烈，只想着更好地积累财富，而忘记了享受人生。

巨大的财富通常带给我们更多的痛苦而非乐趣，更多的焦虑而非平和，更多的不满而非知足，更多的纷争而非和谐。

"在我极为努力地赚到第一个一百美元时，"科莫多尔·范德比特说："我感觉要比我赚到第一个一百万美元还感到富足。那时候，这一百块美元能让我摆脱债务，每一分钱都是靠诚实努力赚来的，我看到了通往成功的道路。"

这个国家里几乎每个百万富翁都会告诉你，他们最满足最开心的日子是在他们刚刚摆脱贫穷，进入小康生活的那段日子，在他们手头上的钱一点点地累积成一笔财富的时候，在他们第一次感觉到贫穷不再像以前那样阻碍自己前进的步伐的时候。

现实情况是，不是每个人都能富有。歌德说过："只有那些懂得财富意义的人才值得富有。"

那些最富有的人，能够融入到这个世界最美好的事情中去，愿意为别人服务。那些最富有的人就是让别人也觉得非常富有的人。要想富有，你必须要有强壮的体魄，学习艺术、科学与文学等方面的知识，认识杰出的人物，拥有一个不会让你感到羞愧的过去，温和地对待生活，保持平和的心态。

虚荣者的座右铭是"赢得金子，再穿起来"；慷慨大度之人的座右铭是"赢得金子，与人分享"；吝啬者的座右铭是"赢得金子，囤积起来"；高利贷者的座右铭是"赢得金子，高利贷出"；赌徒或是傻子的座右铭是"赢得金子，把它输掉"；而智者的座右铭是"赢得金子，好好使用"。这些话说得多么形象啊！

流通的财富就像社会的血液那样重要，
从富人到穷人，从宫殿到茅茨之屋。
就像生命之源，缓缓地流动，
而一旦因阻滞而停止流动，
或是存放在商人的保险箱里，就会生病。
疾病会潜伏在血管，融入血液里，
直到最后放弃所有的金钱，

那颗贪念过多的心脏，

停止了跳动。

　　财富其实并不像很多人想的那样，通过幸运的投机与强烈的上进心就能取得，而是在日常生活中践行勤奋、节约等习惯慢慢累积的。那些养成这些习惯的人很少会陷入贫穷，那些无视这些法则的人，必然会陷入破产的境地。

——维兰德

　　相比于穷人，富人最重要与明显的特权就是他们至少有经济能力让别人感到快乐。

——科尔顿

　　善用金钱，一个人要将上帝的影像烙在心灵里，让他在天国可以畅通无阻。

——鲁特勒奇

第四章 错误的位置

Success

如果你找到自己的位置，你会感到很快乐。
你身体的所有功能都会为你的选择而欢呼。

我经常重复一点，就是一个人不可能永远违背自身的天赋与品性。

——H.L.布尔维尔

如果你用桌子上不同形状的洞来代表人生的各个部分——一些是长方形的，一些是三角形的，一些是正方形的，一些则是长方形的——而我们就是那各个形状的物体。我们经常会发现属于"三角形"的人进入了圆洞，一些属于"长方形"的人陷进了三角形的洞里，而一些属于"正方形"的人则使劲往圆洞钻。

——西德尼·史密斯

不要以为不可扭转的过去，

就是完全被浪费掉的，或是毫无意义的，

站在过去的废墟里，

我们最终可以获得更为高尚的东西。

——朗费罗

在人类历史上，没有哪位真正杰出的诗人、艺术家、哲学家或是在科学领域有所成就的人，他们的天赋是不被他们的父母、监护人或是老师所压制的。在这种情况下，他们的天性会直接战胜这些障碍，坚持他们自身的目标，敢于做出反抗，哪怕离家出走，或是到处流浪，而不是让世界失去他们自然的天赋与艰苦努力所创造出的成就。

——E.P.惠普尔

"我父亲想我成为一名牧师，"奥勒·布尔说，"当时我想自己必须要按照父亲的意愿去做。但在我八岁的那年，他给我买了一把小提琴，并安排一名老师教我。因为他说牧师应该要懂点音乐。"

"那天晚上，我无法入睡。躺在床上的我起来了，悄悄窥视那把珍贵的小提琴，那是把红色的小提琴。"数年后，他谈到这个故事时说，"那把有着珍珠状螺丝纹的小提琴像是向我微笑。我用手指轻轻拨弄着，它越发向我微笑。我向它微微鞠躬，长时间凝视着它，它似乎在跟我说话，只要轻轻拨弄着琴弦，它会更加高兴。一开始，我轻轻地拉，忘记了这是半夜时分，每个人都已经睡觉了。没过多久，我感觉父亲的手放在我的肩膀上。我红色的小提琴掉落在地上，砸碎了。为此，我流了不少泪，但这也于事无补。

第二天，我找人去修理一下，但依然无法恢复到原先的模样。"

父亲已下定决心，那就是让奥勒去学习神学，以后去做牧师，于是他聘请了一位非常认真的老师，这位老师经常在责备奥勒前都会虔诚地跪下，祈祷一番。一天早上凌晨四点半，当这位老师将奥勒从床上拉起来的时候，奥勒终于发怒了，他的弟弟鼓励他说："哥哥，不要放弃，永远不要放弃自己追求的东西。"

最终，他的父亲终于相信一点，牧师这个职业并不适合奥勒，于是在奥勒18岁那年送他上大学。在奥勒即将上大学的时候，父亲苦口婆心地劝告他，不要去学习音乐了，而且禁止他去参加演奏之类的活动。但奥勒根本无法抵抗内心对音乐的激情，他经常几天里茶饭不思。最后，父亲对他非常不满，奥勒离开了这个家，成为了流浪汉。在巴黎的时候，奥勒不幸遭遇抢劫。

后来，他来到威尼斯，整天整夜地在阁楼里练习演奏，创作协奏曲，晚上对着窗户拉小提琴。他在窗边的演奏赢得一些人的认可，于是，有人向戏院说了这件事。

这是他人生的一个机会，当剧院派人来找他去演奏的时候，他一夜成名。戏院里的观众在他演奏第一首曲目的时候，就纷纷站起来，热烈鼓掌。正是他在之前的努力练习，让自己获得这次机会，也让自己能够成功地把握住这次机会。在面临机会时，他没有让自己出丑，而是出色地展现了自我的才华。

你的才华就是就是你人生的呼唤。"我能做什么呢？"这是我们所处世纪的拷问。最好努力地发挥自己的才华，也不要去装饰别人。

P. T. 巴尔南在找到真正适合自己的工作前，曾做过 14 份完全不同的工作，最终找到适合自己的工作——马戏团的老板。

示巴女王曾送给所罗门两个花环，一个是真实的，另一个则显得非常真实，即便是智者都无法分清楚两者的区别。但是，蜜蜂就能立即辨别出来，知道哪一朵花才是真正的花朵。昆虫的本能要比所罗门的智慧还要强大。小孩子的天性通常能让他们去从事自己想做的职业，哪怕违背父母对他们未来的期望。

伽利略在 17 岁的时候，进入大学就读，当时父母命令他不能因为对哲学或是文学的喜爱而忽视医学方面的学习。但在他 18 岁的时候，通过观察教堂上摇摆的灯发现了钟摆原理。

威尼斯共和国任命他为帕多瓦大学的数学教授，他在这位位置上做了 18 年。他的课非常受欢迎，时常让学生听得如痴如醉，尽管课堂的空间很小，还要经常到露天的地方讲课。想象一下，他的讲课该是多么具有魅力！这就好比格拉斯通这样的人，拥有一种极其流畅的语言能力。要是伽利略去做医生的话，那对这个世界将是多么大的损失啊！

"你是怎么找到适合自己的位置的呢？"著名银行家乔治·皮博迪的一位朋友这样问他。"我并没有找到它，是它找到我。"

狄更斯是英国最为知名的作家之一。但正是他做演员的失败，才让他最终将精力专注于文学方面的创作。

皮特·库珀在购买一座胶水工厂时，只有35岁，之前他已经经商了9年，换了6份工作。他制造过马车、剪过羊毛、当过发明家、做过橱柜，后来又开过杂货店，每次工作都在提升他的能力，直到他最后在胶水工厂里找到适合自己的位置。他在这个位置上所创造的财富要比之前所有的工作都多。

莱特岛上曾有一名男孩，他的心完全专注于大海的风景与海浪的声音，心灵向往着浪漫与冒险的东西。他的父母坚持让他日后做一名裁缝师，并让他到尼顿这个村子里一位有名望的商人那里做学徒。一天，当他听到军队已经登上海岛了，这位少年马上放下手中的针线，走到柜台前，与一大群人观看士兵们整齐的军容。他内心潜藏已久的共鸣感被激发出来了。他跳上一艘船，自己划船到海军上将的那艘战舰上，主动申请加入海军，并被接纳了。这个男孩就是后来的霍伯森上将，他曾率队在维果战役里取得胜利。

高尔德作为商店职员、制革者、测量员与工程师都是失败的，之后，他进入了铁路部门，终于找到了自己的位置。

世界上有一半人都没有找到适合自己的位置，忍受着无法实现梦想所带来的痛苦。如果每个人都找到属于自己的位置并且很好地填补这些位置的话，人类的文明就将处于最高潮。

一位非常著名的牧师曾在军队担任过多年的军官。我的另一位朋友在牧师这个职位上则做得非常糟糕，但却在医生这个职业上干得非常出色。

艺术喜好者无法想象假如特恩纳一辈子在梅顿做理发的工作，克劳德·罗兰继续做着面包的工作或是米开朗基罗不违背父母之名，毅然选择艺术领域的话，那么艺术世界到底会出现怎样的景象。

一个没有身处恰当位置的人，在出海时会被称为"旱鸭子"，在乡村会被称为"伦敦佬"，在商业里会被称为

"笨蛋"，在娱乐的时候会被称为"懦夫"。要是他做违背天性的工作，那么他就是一个"置身雾中的人"、"随波逐流者"或是被视为无知与无能的代名词。

不知有多少属于"圆形"的男女始终被人误解、放逐、诽谤或是在平凡中默默地奋斗，最终因为环境所迫或是父母的不理解最终都无法身处"圆洞"里！那些找到真正属于自己的位置的人，是有福的！

一个身处错误位置的人可能勉强可以糊口，但他会失去所有的活力、能量与热情——这些对他就如呼吸那般自然的东西。他可能非常勤奋，但他的工作非常机械，毫无乐趣。他之所以工作，只是因为他不得不要养家糊口，并不是因为他真的喜欢这份工作。一个身处错误位置的人经常看着时钟，想着自己的薪水。在晚餐时间到来前的两个小时，他就想着吃饭了。

如果一个人身处适合自己的位置，那么他会感到快乐、愉悦、充满力量。每天的日子对他来说都是那么短暂，所有的人都对他的工作表示满意，对他的工作说"好样的"。那么，他才是一个真正的人，他尊敬自己，感到非常快乐，因为他所有的力量都是非常自然地展现出来的。

我们可以看到世界上很多人处在错误的位置上—— 一位原本可以做一名成功医生的人却做了牧师，一位原本可做一名出色的工程师的人却做了干货店的职员——我们都知道，个人的选择通常都是这种选择错误的主要原因。每个人都有自己的梦想。当一个人完全依靠自己的判断，进行了错误的选择，然后过了几年，他终于发现自己的错误，但有时再进行修正已经为时已晚，他可能会心灰意冷，为自己失去了人生成功的机会而感到痛苦。如果一个人知道自己最适合做某项工作，他就会产生一股自信心，去将这件事做得非常成功。现在的问题在于，你该怎么知道什么才是适合自己的呢？其实，这个问题的答案非常简单，了解自己。

当一个人找到了属于自己的位置，那么他肯定会知道的。他会感到自如、充满热情与心满意足。当他觉得自在自如的时候，就可以本能地发挥自身的力量。鱼儿不会尝试在陆地上游泳，但在水中的时候，必然会张开鱼鳍。那些表情焦虑、一脸沮丧的人无不清楚地告诉我们，他们对所处的位置感到不满。

学生在学校里没有学会到底自己应该做什么，这真的很不幸。虽然，学校很难去指引每个学生都走上属于自己正确的道路，但至少可以让他们避免走上弯路。我们可以根据学生的思维结构去指引他们的思想，引导他们的倾向，指出有哪些事情是不适合他做的。

　　如果某位学生对数字不敏感，那么教授就可以告诉这位学生，他不适合在数学方面发展，因为他缺乏数学方面的思维；如果他富于逻辑思维，但却在说话的时候无法准确地理清思路，且不愿意对事情产生的原因进行了解，对于细节上一些问题的争论缺乏足够的说服力，那么这位教授就可以清楚地知道，这位学生不适合学习法律。用这样的方法可以审视我们的性情到底适合什么职业。那些睿智与友善的老师或教授所给予的人生提示对我们具有重要价值，特别是在我们决定一些人生重大的问题时。

　　一只被关在笼子里的老鹰为自己失去能力而感到自卑。它知道自己生来是为了展翅飞翔的，而被关在笼子里让他始终感到羞辱。一旦将它从笼子里释放出来，它就会再次展开骄傲的翅膀，感受空气的力量，一直高飞，直到成为地球与太阳之间的一个黑点。所以，被关在笼子里的心灵也只有在得到发泄点时才能释放出能量，让心灵的翅膀自然地飞翔，朝着自己原本要达到的目标振翅高飞。

　　人不可能随意按照自身的想法去雕琢人生，除非这是他最真实的想法。如果他违背自身意愿，那么结果肯定很惨。所有符合本性的事情都具有一种天然美，这需要人处在适合自己的位置上。一种花不会嫉妒另一种花的美丽，因为每朵绽放的花朵都具有一种神圣的美感，花朵的任务就是要释放出尽可能多的香气并绽放美丽。

如果我们都能根据自身天性，释放出能量，那我们就能实现最高的人生目标。一个年轻人不该问自己是否能成为韦伯斯特、格拉斯通、林肯或是格兰特这样的问题。他应该问自己的是，到底什么才是最适合我的。然后，他就会发现那个适合自己的位置，与上面说到的这些人一样重要。

犯罪、自杀及生活中其他的不幸，都是因为那些人从未找到属于自己的位置。一个身在正确位置上的人根本不会去犯罪。当他发现了自己所归属的位置，就会对此感到满意，觉得自己的能量都得到了释放，他的目标会激发出他的所有潜能。他并不会因为自己是农民、擦鞋匠而感到羞愧，他不会因为自己无法成为什么什么而感到不满，因为他找到了属于自己的位置，并对此感到骄傲。他可能没有韦伯斯特或是林肯那样的能力，但这本身并不会让他感到羞愧。他知道紫罗兰与参天的松树一样有存在的价值。

有时，年轻人选择一个职业，是因为觉得这个职业受人尊敬，他觉得做这项某个伟人从事过的工作，比如从事法律就会得到人们的尊重。这是一个多么大的误解啊！要是他的天性并不适合那些伟人们从事过的职业，那么他肯定无法达到那样的高度。他不仅不可能为这个职业增添光彩，更有可能成为同事或是全世界嘲笑的对象。很多人通常只为能够戴上白色的领带，就选择到教会当牧师，或是背上"绿背包"，就觉得这是律师展现自身的唯一特征。这种想法无疑是错误的。

找到属于你的位置，然后努力地填补这个位置。

去做符合自身天性的事情，你会取得成功；要是违背天性去做其他事情，那么你要比一事无成糟糕千百倍。

——西德尼·史密斯

Success

第五章 尽善尽美

做一名鞋匠并不可耻，
但鞋匠做出很烂的鞋，就是一种耻辱了。

如果你能比别人写一本更好的书，做一场更好的布道演说或是设计出更好的捕鼠器，即便你住在深山里，依然会有众多拜访者。

——艾默生

尽心尽力，做好事情，

让我们免于恐惧。

——莎士比亚

做人就要有所超越。

——贝兰杰

在小事上认真负责的人必将成为世界的主宰。无论是你在威斯特敏特大教堂做布道演说或是教穷人孩子知识，你都要保持一样的忠诚度，因为忠于本职就是最大的优势。

——卢波克

总之，不要相信那些这样的人：

一个对任何事情都不上心的人。

——罗伦斯·斯特恩

一个每天花一个小时学习的人，要是能坚持一年坚持去学习，直到掌握该专业的知识，就会在这十二个月后让身边的人大吃一惊。

——布尔维尔·莱顿

年轻人，不要害怕大流，

不要觉得自己难以扬名，

总会有属于你的舞台，

只要你做得够好。

年轻人，将这个世界想象成一座高山，

看看峰顶在哪里，

你会发现大部分人都在山脚，

高处总会有足够的空间。

　　"哦，这下终于做好了！"一位工人对某位细心观察的顾客说。"但看起来，你不过是将钉子扭紧，将螺丝拧紧，多花了一点时间罢了。这又有什么大的不同呢？"

　　"我自己知道这其中的不同之处。"工人安静地回答，

"这下才是真的做好的，否则这个东西不会持久的。"

"那你可以换一份工作啊，"那位顾客咯咯笑着说，"你这样与众不同又有什么用呢？今天这个时代，没有人会因此而感激你。"

"内心实在是忍不住这样做，"工人回答说，"我相信人一定要诚实地工作，如果我做不到诚实的话，就会为自己感到羞愧。因为，如果我漠视自己的工作，以敷衍的态度去赚取薪水，那么这与偷窃别人口袋里的金钱有什么区别呢？先生，这根本没什么区别。我想要对得住自己，想受人尊敬，不管别人是否这样做。"

"嗯，"那位顾客回答说，"我想说的是，你真是一个傻瓜。世界根本不是像你说的那样转动，如果你继续这样做的话，肯定会被这个世界所落下的。我的工作规则是，以最少的工作来赚取最多的钱，而我所赚的钱也是你的两倍。"

"有可能吧。"那位工人果断地回答，"你可以继续那样做下去，而我依然会做好自己的本职工作，即便薪水不高，但我更喜欢自己这样的方式，因为这要比金钱本身更加重要。"

在工作中不愿做到最好，必然会带来最终的失败。那些赚取最多金钱的商人、赢得最高声誉的艺术家、最受全世界读者喜爱的作家，在他们人生事业的初始阶段，都不会想着"只是把事情干完就好"。他们不会只追求把工作做完，而无视工作的质量。他们都知道这样一个事实，那就是漫不经心地工作会对他们的未来产生严重的后果，这不是眼前的一些物质回报可以弥补的。

每个年轻人都应该被灌输这样的理念：当我们将每件事情做到有始有终，那么必然会获得奖赏，也会感到满足与愉悦。做事坚持到最后的自律性有助于我们的提升。

"那些目光只专注于回报而不是工作本身的人，"艾默生说，"都是相当低俗的。"这句话无疑是正确的，而且我们可以毫不夸张地说，那些对任何事情都敷衍了事的人，肯定也是一个失败之人。

"你是怎么取得如此巨大成就的？"某人对一位成功人士所取得的成就感到惊讶。"其实没什么，我只不过是在某个时段专心做一件事情罢了，然后努力地将这件事情做好。"因此，我希望读者能明白一点：在给家里寄信的时候，永远不要让自己的字迹显得潦草或是模糊，借口说自己没时间，这根本不是借口，你这是在欺骗自己。不要粗心大意地写备忘录，否则五年后，你自己都读不懂。对一些自己不大确信的东西，不要那么急于下定结论，不要相信自己模糊的印象。因为我们所说的肤浅品格就是这样形成的，那些平时不注重培养有始有终习惯的人，都只能看到事情的表面。

在人生早年养成凡事都做到尽善尽美，有始有终的习惯，对我们的人生将产生难以估量的重要作用。大自然在造物的时候，让每一片叶子都显得那么完美，甚至让叶子的肋状线、边缘或是根茎都那么精确与完美，好像一片叶子也要耗时一年才能完成这般造化。即便是山谷小溪边绽放的花朵，虽然从没有人见过它的美丽，也在形状与轮廓上拥有相同的完美与准确度，色彩是那么细致，拥有某种圆满的美感，似乎这些花原本就该摆放在女王的后花园里。"凡事有始有终，追求完美。"这句话应该是每个年轻人都应该拿来做座右铭的。

罗斯柴尔德的一句名言应该挂在每间教室里："只要你下定决心去做的事情，无论失败多少次，都要继续做下去。"

乔治·埃利奥特在他的诗歌《弦乐器》里表达了他这样的思想。诗歌中的主人公是一位著名小提琴制造者，他的几把小提琴有超过两百年的历史，现在的价格大约在五千到一万美元左右，要比同等重量的金子还要昂贵。主人公斯塔拉迪瓦里斯在诗歌中这样说道：

"雅典建筑师设计的帕台农神殿的上部建筑与下部建筑一样可称完美。据说，这是因为智慧和技术及工艺女神密涅瓦能够看到另一面。一位经验丰富的雕刻家曾这样说过，雕刻的背面是不可能被人的眼睛看到的，但女神会看到。"米兰大教堂上的五千多尊雕像，都是那么完美，似乎上帝的眼睛在注视着雕刻家。

数百年来，让世人一直忍不住赞美的人都是那些当年不计劳苦、忍受寂寞的人。比如米开朗基罗这样的人，虽拥有无与伦比的天赋，但还是不断努力学习。

著名画家欧派的遗孀说："我从未见他对自己的一幅作品感到满意过。我经常看见他进入卧室，痛苦地坐在沙发上，大声地说'我有生之年，都不可能真正成为一名画家'。"这是一种高尚的绝望之情，是很多庸俗的艺术家一辈子都感觉不到的。这种对理想的追求，就像是地平线在他眼前慢慢升起，敦促着他更加努力，直到他在艺术的殿堂里占据一席之地。

你或许很难想象，维兰德花了两年时间才完成一篇外文的布道演说。巴尔扎克，这位法国著名的小说家，有时一个星期只写一页内容。在成名前，他已经写了四十本小说，最后才获得公众的注意。出名后，他更加认真地对待自己的作品，不断重写，不断修正，不断完善，直到他让每部著作都成为杰作。他要求印刷商在出版前进行数十次的校对，对内容不断进行增删。有时，这花费的时间要比创作原作都耗费更长。

布冯的《自然研究》耗费了他半个世纪的劳动，在将这本书交给出版商出版前，他已经修改了十八次。他以一种独特的方式去创作，在一张大纸上写作，就好比记账一样，每张纸上都有五个不同的类别。第一个类别是写他的思想；在第二个类别里，他修改、扩充与完善内容，就这样一直进行，直到他到了第五个类别，最后才将自己的劳动成果写出来。但即便在完成这个过程后，他依然要对每个句子研究二十遍，他曾为了圆满结束某一章节，花了十四个小时去想一个适当的词语。

莎士比亚正是在重新构建古老戏剧的过程中，发展了自己作为浪漫诗人的才情。拜伦的《慵懒时光》为后来的《柴尔德·哈罗德》做了非常充分的准备。任何事情都有开始、过程与结束。艺术方面的开始往往很难。比如，几乎所有的小说作家在他们成名前，都写过很多并不成功的作品，最后才一炮而红。大多数画家也是在画了很多糟糕的作品后，最终才有所进步，取得成功。正是他们不断地努力，不断地苦练，让自己变得熟练，让自己的才华越来越出色。最后，高尚的思想自然潜入脑海，成功也就自然而然了。

农民出身的孩子米勒特从古老的家庭《圣经》里的插画受到了启发。与绝大多数的父亲不一样，米勒特的父亲告诉儿子："画你喜欢的画！选择你喜欢的事业，追随本心吧。"一开始，米勒特靠帮别人画路标来赚钱。他曾一度处于饥饿的状态，甚至不得不卖出六幅图换来一双鞋，一幅画换来一张床。1848年爆发了革命，米勒特拒绝为了金钱而贱卖自己的作品，依然在画作上下功夫，即便他不得不面临着为了一顿饭都要发愁的窘境，但他那举世闻名的《天使》最后以12500美元的价格售出了。在他年轻的时候，他的祖母就曾鼓励他"一定要为永恒去作画"。

几年前，波士顿有一幢用花岗岩做成的建筑，当这幢建筑竣工后，被认为是该市最著名的建筑。无论从各方面来看，这座花岗岩建造的建筑都是那么的完美与持久。所以，租用这座建筑的人非常多，而建造商对此也是充满信心。他们说，即便是将生铅放在上面都没关系。但意想不到的事情发生了，就在建筑里装着一半物品的时候，大楼就发生了倒塌，街道上散落着石块、碎裂的砖头与木材、大捆的物品，还有几个人在这次倒塌中丧生。我们见证了建筑的竣工，也见证了它的倒塌。为什么这么轻易就倒塌了呢？原来在建造地下室时，那些工程人员为了节省一笔小钱，偷工减料了，当大楼越来越高时，基石要承受的重量就越大，最终基石无法承受这种重量，就发生了倒塌。只是因为在打基础的时候节省了数百美元，最终造成了数万美元的损失，甚至造成了生命的损失，这是多么得不偿失啊。

077
·

078 成功宝典 ●━━━━━┓
SUCCESS ┗让我们从平庸的生活中奋起●━┛

    位于马萨诸塞州罗伦斯的彭博顿磨坊在正常运作的时候发生了倒塌，之后又出现了大火，结果把一百二十五人烧死了。这完全是工程监管与企业主管疏于管理所犯的严重错误导致的结果。建筑的圆柱在铸造时就存在缺陷，一面像纸那样薄，一面像支架那么厚。当圆柱遭受到压力时，很快就会倒塌。导致这些事故出现的原因，是因为工程人员想要偷工减料。事实上谁也无法承受在打基础的时候自欺欺人带来的后果，建造房屋如此，做人也是如此。每个人都必须要注重基础，如果这个基础出现缺陷，那么人生大厦就不可能坚固，随时都可能倒塌。

    在横跨圣路易斯的沃特斯河流的铁桥建造的时候，工程人员非常注重桥墩的质量，坚持把打好基础视为第一要务。潜水箱一直到达水底下的岩石，然后工程人员潜入水底在第一层的岩石上打孔，牢牢系住。这样，水底的岩石与潜水箱就联系在一起，更加牢固，就好比从采石场上挖出一块坚硬的石头直接放在那里。只有这样的大桥才能挺立一百多年。年轻人，将你的基础打深一点吧。最好扎在河床深处。

    年轻人，挖，不断深挖。

    在外层的墙壁上牢牢扎根，

让你的支架更牢固，让你的屋顶更高。

无论你建造什么，都要建好，

一定要建成牢固、抵抗风雨的建筑，

遵循良心，不欺骗自己与别人，

因为上帝的眼睛在看着你呢。

　　让工作变得轻松的秘密，在于每天履行好职责。如果你让负担不断地累积而不去解决的话，那么这些负担就会让你感到沮丧。如果你每天要做 5 件事，那么对每一天来说，这是相对容易做到的。但如果你不断推迟，想着可以休息 9 天，在第 10 天这一天里一下子做完 50 件事，那你可能就会吃不消。

　　如果一位统治者在征服一个国家时，放任敌人的堡垒不去攻克，而是继续贸然前进，那么他会发现寸步难行，因为敌后的反抗活动会不断骚扰他的前进。在对待工作或是生活方面"跳过一些重要的点"，肯定会给我们带来无尽的烦恼与痛苦。即便一位国王在回首自己年少时虚度的时光，也会感到悔恨。法国国王路易十四继任后，发现自己非常无知，而身边的大臣每个都是学识渊博，于是他非常气愤地指责自己的监护人，批评他们为什么不让自己学习知识，导致现在这般的无知。"难道在枫丹白露的森林里，没有足够多的桦树吗？"他大声质问道。

威廉·M. 爱华特斯在他准备上大学时，将希腊语版本的《圣经旧约》熟读于心。所以，一旦别人提问，他就能迅速背出来。我们这个时代最为优秀的几名学者都可以背诵维吉尔的著作，而且全程不需要什么提示。这些学者也都几乎能背出贺拉斯的著作。

维滕巴赫曾说，不断实践对你进步有着难以置信的推进作用，并称这种实践必须要非常精确与全面。没有什么工作、任务会让一个年轻人在一天里不能抽出一点时间去学习。一天花费15分钟去复习自己所学到的知识，这能让你的学习更有效率。一开始这可能比较枯燥，但仅仅是一开始才会这样。

不久前，《女性期刊》的一位专栏作家说她过去6年里，无法在纽约与波士顿取得成功，因为她不知道如何将任何一件事情做好。她曾负责编写《百科全书》，每周的薪水是15美元，要是干得好的话，之后的薪水能升到周薪25到30美元。她曾在一个月里为了自己与孩子拼命地工作，却被老板告知她的知识储备远远不够，所以她的工作基本上没有什么作用。她只能苦苦挣扎，眼睁睁地看着良机一个个地溜走，而她却始终无法提升自己的水平，因为她没有某项工作所需的技能与知识。但她还是具有智慧的，希望自己的子女接受教育，从中受益。她说："每个孩子都深知知识的重要性。"因此，她的两个孩子都拥有成功的美好前景。现在，一个孩子成为了英语老师，另一个孩子则做了音乐老师。

在很多方面，美国都领先于其他国家。但在培养每个年轻人细心周到、做事系统、对工作做好充分准备等方面，显然做得还非常不足。

要想找一位不懂得速记的英国记账员或是一位不懂几种外语的德国会计是不大可能的，但美国的年轻人并不认为这些只是做好一份工作的本分。一般来说，他们都想着可以在稍稍准备之后，就能迅速上位，要是不能迅速获得提升，就抱怨自己运气不佳或是其他方面的原因。

加农·法拉尔曾谈到英国的年轻人痛苦地抱怨德国人，因为德国职员抢了他们的工作机会。议会里一位富有的议员告诉他，要是他发广告说要招聘懂几门外语并熟悉商业通讯的员工，那么肯定会有不少符合条件的德国年轻人前来应聘的。他们来英国工作，只是想更好地学习英文。这些德国年轻人通常都会三到四门外语，而英国的年轻人通常只懂英语。这位议员接着说，下午六点下班的钟声一敲响，英国员工就马上匆忙地离开座位，而很多德国职员则会安静地等一下，静静地完成手中的工作，然后才离开。

也许，世界上没有哪个国家比美国人更加人浮于事的了。技艺不精的泥瓦匠与木匠敷衍地建造房子，然后就卖出去了，有时，在别人入住前，这房子就倒塌了，这还算是幸运的。没接受过多少培训的医学专业的学生急于在手术台上大展拳脚，就像一个屠夫那样主宰着他们的病人，这只是因为他们不愿意在学校里进行更加充分的学习，让自己更有准备。一知半解的律师在处理客户的案件时屡屡犯错，让客户为他们在法学院里不好好学习来买单。一知半解的牧师在讲台上大放厥词，让台下富有智慧与修养的教众甚为反感。事实上，很多美国年轻人都是这样的，他们在完全没有准备好的情况下就硬来，然后却将失败归结为社会的不公。在我们的教育系统里，没有比教育学生全面学习更加重要的了。大自然要花上一个世纪的时间才让植物处于今天的完美状态，但一个美国年轻人却想着自己学上几个月的法学课程或是聆听一两节有关医学方面的讲座，就可以做律师或是到手术台上挽救别人的生命。

我们所遇到的问题，在于我们的脚步迈得太大了，感觉所有事情都处于一种催逼的状态，自己好像也被别人催赶了一样。我们遇到的每个人似乎都在赶着一列火车。每个人都是以一种狂人的心态去迅速干完一件事。学生匆匆地读完高中，然后匆匆地读完大学，真正停下来去选择做正确事情的人非常少。

全面意味着精确。那些从来不敢肯定，总是在说"可能这样吧"、"我想应该是这样"、"我猜是这样"或是"我推测是这样"的人，是不值得信任的。因为他们说话背后的基础是建立在"流沙"之上的。

做人做事要全面。要全面了解某项工作所需的知识，里外上下都要摸透，知道事情的原因与结果，知道所有事情都具有两面性。在选择适合发挥自身能力的工作上，一定要小心谨慎，一旦你开始了，就要以"我一定能做好"这句话成为你的座右铭。"坚持到最后"这句话是你永远都不该忘记的。记住麦考利所说的："这个世界所赞许的，并不完全是那些敢于尝鲜的人，而是那些能将平常的事情做得比别人更好一点的人。"

我们一开始向生活投入什么，其实就是在向我们整个人生投下什么。有些医生之所以失去病人的信任，是因为他在医学院里没有足够用心地学习。他没有完全了解关于解剖学方面的知识，不知道动脉具体在哪个位置，也不知道如何才能安全地进行手术。他不知道，要是自己手中的手术刀稍微滑了一下，那么病人的生命就可能葬送在自己手上。

格拉斯通曾教育自己的子女，无论做任何事情，都要有始有终，尽善尽美，无论这些事情显得多么无足轻重。

虽然学会将所有事情都做到最好是极为重要的，但在这个节奏快速的时代里，这句话也容易让人误解。一些人将做好小事的原则过分夸大了，所以，他们会将很多宝贵时间浪费在琐碎的事情上，而不是真正专注于他们的工作。换言之，他们分不清重要与不重要之间的区别。他们一视同仁地对待所有事情，在一些无关痛痒的事情上耗费太多的精力。这样的人通常在人生道路上也无法前进得太远，因为他们的时间都被无限的细节所吞噬了。所以说，常识是我们最好的指引。

我们不应该忘记，时间是所有人生命中最为宝贵的礼物。时间就是金钱。不，它要比金钱更加宝贵。即便是百万的钱财都不能买回一个瞬间。将重要的事情做好与那种"凡事纠结"的不幸习惯之间存在着巨大的区别，因为前者需要我们专注，而后者则耗费着我们的精力。那些在无关紧要事情上总是浪费精力的人与那些有做事懒散与马虎习惯的人一样不幸。

"无论我想在人生中做什么，"一名成功的商人说，"我都尽心尽力地去做。无论我下决心去做什么，都会全身心地投入。无论目标是大是小，我总是保持专注。"

缓慢而稳步地前行，这才是真正的人生之道。年轻人，记住这点吧。

在过去的艺术里，
建筑者总是那么认真，
注重每个细节与看不见的部分，
因为他们知道，上帝能看见所有。

——朗费罗

第五章　尽善尽美

Success

从低做起与卑微的出身并不是成就伟大事业的障碍。

不要等待你的机会，而要去努力创造机会。

第六章

自助者天助

自力更生与自我克制将教会一个男人如何挖掘自身的潜能，增益其所不能，让他学会如何凭借自己的双手去生活，学会节约，更好地利用手中所拥有的资源。

——培根

谁也不能低估自力更生的重要性：这种品质才是人性中最为可贵的。

——柯苏斯

要说有什么信念能够移动高山的话，那就是对自身能力的信念。

——玛丽·艾本纳·艾斯巴克

我们给予遭受痛苦之人最为真诚的帮助，就是将他内在的潜能全部挖掘出来，这样他就能自己去肩负这种重担了。

——菲利普·布鲁克斯

沿着自己的道路前进。

——普鲁塔克

凡事靠自己，这就是获得财富最好的途径了。

——富兰克林

他们永远不知道，
自力更生之人所拥有的骄傲感。
他的欢乐不在于自己戴上了皇冠，
而在于这顶皇冠是他靠自己双手得来的。

——罗杰斯

并不是最有才华的人才能获得最多。平庸之人若是掌握圆滑的技巧，通常都比那些具有才华之人拥有更多。

——约瑟夫·库克

"我们必须立即离开现在的巢穴！"四只小麻雀在它们母亲刚回巢时惊恐地说道，"我们偷听到一位农夫说他要请邻居来砍光这片田野的树木。"

"哦，这样子啊。现在还没什么危险，不要怕。"母雀说，"我们可以安然地休息。"当它第二天晚上回巢时，四只小麻雀又再次惊恐地说："那位农夫非常气愤，因为邻居不肯过来帮忙，所以，他说要明天请他的亲戚过来帮忙。"

"那现在也还没有什么危险。"母雀回答说，那天晚上，四只小麻雀都非常开心。

"没有什么消息吗？"母雀问道。"没什么重要的消息。"小麻雀回答说，"那位农夫非常气愤，因为他的亲戚不肯过来帮忙，所以他说明天自己来。"

"今晚，我们必须要离开这里！"母雀大声地说，"当一个人决定自己去做一件事的时候，并且表示立即去做，那么你可以确定他必然会去做的。"

自助者，世界都帮助你。如果能够证明你在没有别人的帮助下依然可以存活，那么别人都会过来给予你帮助。

每个年轻人都应该加入卓越俱乐部，这个俱乐部就叫"自助俱乐部"。对于身强体壮却躺在家里的沙发上优哉游哉地指挥着疲惫的母亲与姐姐做事的男孩，除了鄙视之外，还有什么可说的呢？

《伊索寓言》里有一则关于"朱庇特与马车夫"的故事，同样说明了这个道理。马车夫的车轮陷入了泥潭里，按照当时希腊道德主义者所刻画的形象，马车夫向朱庇特求救，这位万神之神在奥林匹亚的王位上知道后，让手下的人不要去帮助这位车夫，而让他自己去想办法。那些敢于脱下衣服，自己用肩膀将轮子抬起的人，幸运女神是会向他微笑的。

"电梯坏了，走楼梯吧！"在纽约一幢高楼里，一位想要到达顶楼的年轻人在电梯前看到了这样的告示。"要是有电梯的话，这一切是多么方便啊！"他自言自语，"但是，无论怎样，我的人生里还没有发现谁是可以成为自己的'电梯'的。要想到达某个楼层，我就必须要努力攀爬。现在，我想通了，我希望每个人都能想通这一点，因为我们所能攀登的高度，取决于我们对自己的期望。我在情况允许的情况下使用电梯，这样就可以免于我这么劳累地走楼梯。但我很高兴自己能凭借自身实力立足于这个社会。"

一位古代斯堪的纳维亚人曾说："我既不相信神灵也不相信魔鬼，我只相信自己的身体与灵魂。"古代的丁字斧的顶端上刻着这样的名言："要么我找到一条道路，要么创造一条出路。"这句话适用于所有准备踏上人生征程的年轻人。

约翰·班杨身处在黑暗、潮湿、满是污垢的监狱里，却凭借着意志力写下了影响全世界的著作，这给我们上了多么精彩的一堂课啊！剑桥大学或是牛津大学的任何学生或是教授，英国的所有文学作家都无法与这位出生贫穷、遭受鄙视的补鞋匠相提并论，当时他身陷囹圄，身上只带着两本书—— 一本是《圣经》，一本是《殉道者书》。

班杨下定决心，不能因为自己被关在监狱里，就浪费时间。他不会坐下来哀叹自己的命运，诅咒那些迫害他的人，他不会去等待机会的到来，从而去做伟大的事情，他要全面利用作为一名犯人所具有的微薄机会。

只要一有机会，他就最大化地利用这些机会。他将手中的两本书都翻烂了，将自己过往的人生梳理了一遍。他无法到图书馆里查阅资料，无法向别人询问建议，因为现实环境所限，他不得不自己寻求答案。他所有的灵感都是自己逼出来的。

他开始钻研《圣经》，从中发现了从未发现过的珍宝，《圣经》的内容是多么丰富，多么具有美感啊！他感觉自己所处的监狱仿佛变成了一座宫殿。在心灵深处，他发现自己找到了更多的"瑰宝"，找到了人生的希望。

他发现原来自己的想象就是一座宝库。这对他来说似乎才是真实的世界，毕竟这是他自己想到的，而非身外不能接触到的东西。这个真实的世界就是主观的世界。越加沉思，他就越专注于自己的思想与灵魂的深处，内在的世界就向他呈现出越加壮美的景象。他不仅不觉得自己缺乏写作的素材，反而觉得想象的内容充溢着罕有的美感，让他一时难以自持。最后，他发现真正的东西源于内心，而非源于外部世界。

美国当代梵文与古波斯语的一位权威人士，从小没有接受过什么教育，他要每天推着一辆垃圾车收集 17 个小时的垃圾，完全是自学成才的。

丹尼尔·韦伯斯特曾这样给自己的孙子写信："要是你不努力，永远也不可能学到知识。世界上最杰出的老师都不可能让你成为学者，除非你能尽自己最大的努力去学习。"

据说，一些智者能够掌握十种语言。艾利胡·巴里特据说掌握了 40 门语言，而大部分语言是他在鞋匠店里干完最沉重的活后学习的。

成功在于学生，而不在于大学本身，伟大在于个人，而不在于图书馆，能力在于个人，而不在于别人的帮助。很多人都能从最为平常与艰难的环境里找寻机会。如果一个人的视野不能超越他所接受的教育，不能摆脱对别人的依赖，如果他不能比自己接受的教育更加宏大，那么他是很难走向成功的。

父亲可以给予儿子金钱或是帮忙找一份好的工作，但他不能让自己的儿子去取得成功。他的儿子必须要靠自己的能力才能真正成功。

之前进入大公司工作，怀着清明的良心，一步步走向合伙人地位的年轻人，敢于娶出身贫寒的女性为妻的年轻人到哪里去了？那些年少出门闯荡，临别时亲吻母亲额头，准备到外面干一番事业的年轻人现在到哪里去了？敢于拒绝别人递过来的香烟，因为觉得这"非常昂贵"，不会随便到戏院里消遣娱乐，因为觉得"那里只不过是有几声嘈杂的声响而已"的年轻人，现在到哪里去了？

怎样才能取得成功呢？年轻人该怎样让梦想照进现实呢？远处那里闪耀着一扇金门，只要进去了，就能到达梦幻之地。但路途中到处都是阴云与阴影，让我们无法看清楚前路的障碍与陷阱，不知道还要翻越多少座高山，涉过多少条河流。那么，年轻人该怎么办呢？他该怎么赢得这场战役的胜利呢？他应该向别人找寻建议、帮助或是安慰吗？

抱有梦想的年轻人还是翻看一下名人传记吧。过往每个伟大人物的人生对我们的成功都有一种警醒的作用，让我们充满希望。最为成功的人都将梦想视为成功最重要的动力，不断催促着我们前进，让我们了解前人所遭受过的困难，并且战胜它们最终取得胜利。萨缪尔·罗米利谈到法国政治家达盖尔的自传对他的影响时说："这本书极大地激发了我的热情与梦想，敞开了我走向光荣的想象之门。"罗伯特·霍尔的人生就像激昂的鼓声那样激励了很多年轻人。不知有多少年轻人的心深受纳尔逊英雄主义的影响！路德深受约翰·哈斯的影响，从而成为了一名改革者。在伟人们的传记里，你能发现那些人是怎样忍受苦难，追求胜利的。你会体会，那些人是怎样穿越自我怀疑、危险与痛苦，凭借着强大的心脏最终实现梦想的。你会知道，那颗热烈追求的心是如何在不知不觉中取得人生这场战役胜利的。

发自内心的自主则会让我们强大起来，而一味依赖别人的帮助肯定会让我们变得软弱。真正让你学会游泳的，不是那些软木塞与救生工具，而是你勇于到水中游泳，搏击风浪，就像卡修斯与恺撒那样，练就钢铁般的肌肉。你要相信自己。

凡事总是向别人寻求建议的人，最终会成为工作上的弱者与智慧上的侏儒。这样的人缺乏自我，根本不相信自己的能力，而总是希望别人能够帮助自己，替自己解决问题，就这样，他们最终失去了自我。

在龟兔赛跑中，获胜的并不总是兔子。只有耐得住寂寞、勤奋努力、进取果断、坚定信念的人，才能取得伟大的成就。

"天才"一词被很多人误解了。约舒亚·雷诺德斯爵士将"天才"一词定义为"不过是强大的心智专注于一件事上，不过是一种拥有明确方向的努力。没有它，就不可能成功"。

拿破仑在布里耶纳的学校读书时，在给母亲写的一封信中这样说道："我的剑在手，口袋里装着荷马的书，我希望能够在这个世界闯出一番名堂。"

年轻人总是梦想着远处渺远的成功，认为自己出生的环境不可能让他们取得成功，这些人可以从格蕾丝·达令的例子中有所启发。这样一位年轻女生常年生活在枯燥的地方——海洋中的一座灯塔里！对这样一位与父母生活在孤岛里的年轻女生来说，又有什么成功机会可言呢？但在她的哥哥姐姐都去外面世界里找寻名声与财富时，她却最终获得了比贵族更加响亮的名声。

格蕾丝并不需要到伦敦去见王公贵族，那些人会大老远来到灯塔，到她的家去见她，她赢得了让名流们都羡慕的名声，而且在历史上留下了不可磨灭的印记。她没有到远方去找寻名声或是财富，她只是尽到自己的职责而已。

凯利医生曾说："我必须要自己去努力。无论追求目标的道路多么困难，我都要坚持下去，那样的话，我才能真正感受到成功的乐趣。"

无论在学校还是在家庭里，通常都会出现这样的情况，那就是一个孩子被认为很有天赋，另一个则被认为很笨。但到后来，你会发现那个之前被人们称为聪明的人堕落了，在贫穷中死去，一辈子里默默无闻，而那个被认为很笨的孩子则慢慢地朝着人生的顶峰走过去，获得了名声与荣耀。人都是自己未来的设计者。对每个年轻人来说，成功只有通过勤奋才能获得，仅凭天赋是无法获得的。

有很多这样的例子，多年后，那些曾在学校里非常有名气的学生最终默默无闻，在人生的道路上被别人落下了，这是因为他们觉得自己不需要怎么努力，而那些觉得自己不能依靠运气的"傻瓜"则是脚踏实地地工作，最终凭借自身不懈的努力实现了梦想。

即便没有接受过教育，没有老师指点，没有书本，没有朋友，这些都不能阻挡一个人去自学。要是你决定去学习的话，那你怎么会做不到呢？你学不会写字吗？你忘记语言学家穆雷了吗？他自己用石南花的根茎，削尖后放在火上烤，做成一支笔，然后在一本早就破烂的本子上练字。难道你没有钱去买书本吗？你忘记默莫尔了吗？他曾借来牛顿的《自然原理》，然后自己重抄了一遍。你学不会乘法口诀吗？记住比杜尔，那位极为贫穷的孩子，后来享誉世界的人，他为了学习乘法，曾经用了一百万颗豌豆的豆子、碎片还有芽根。是学不会音乐吗？记住瓦特吧，这位改良蒸汽机的人，之前从没有接触过音乐的人，在他决定制造风琴的时候，学会了如何和声。

自助让人在这个世界上创造奇迹。有很多年轻人之所以停滞不前、无法实现目标，就是因为他们一开始在没有资本的情况下，等待着别人来拯救自己，希望好运气能拉自己一把。但是，成功是不断努力与坚持的结果。成功是无法哄骗或是贿赂的，只要你付出足够的努力，就能拥有它。

对于总是一味抱怨自己时运不佳，说什么要是自己的运气更好一些，他们肯定能够收获更大成就的年轻人，我们总是不抱太大的希望。

如果你想获取知识，就要去学习，如果你想要获得食物，你就要去找寻，如果你想要获得乐趣，你也要去找寻。找寻才是我们成事的法则。幸福源于我们努力地找寻，不在于自我放纵与沉湎。当我们开始热爱自己的工作时，才能拥有幸福的人生。

在我们努力的时候，我们的潜能会得到最大的发展，我们能够做出最好的选择。

书本与演说可能会唤醒你的潜能，也许它们会像路牌一样给你指示，让你不会往歧路的方向走，但他们无法代替你往前哪怕是走一步。属于你的路程，只能是你一个人走下去。

但为什么那么多一开始充满希望，盼望能将自己的目标变成像彩虹那么绚丽的人，最终却默默无闻呢？这个问题的答案是非常明显的：他们不愿意为了取得成功而付出足够的代价。无论他们在追求某项事业上有多大天赋，要是不去努力地为之追求，都是不可能成功的。

"正如奔腾的河流，在巨浪中骄傲翻滚，这一切都要归功于山间潺潺流淌的清泉。同理，具有广泛影响力的名人很多出身贫寒，但他们都下定决心要提升自己的水平。提升自我修养的无形"清泉"正是我们取得伟大成就的源泉。

"年轻人，远离那些自我感觉良好的美梦吧，除非你能像找寻隐藏的金子那样去找寻知识！记住，每个人背后都有一种追求卓越的潜能，只要他愿意，都是可以找到的。也许，你被称之为'穷人'，但这有什么关系呢？现在那些家喻户晓的人基本上都是从贫穷中打拼出来的。库克船长，这位环游世界的人，出生在草屋里，从小在农场里干活，慢慢地开始了自己辉煌的人生。

"埃尔顿爵士曾在英国国会担任了半个世纪的议员，是一位煤矿商人的儿子。富兰克林，这位哲学家、外交家与政治家，只是一位贫穷印刷工的儿子，他自认为最大的奢侈就是在宾夕法尼亚州的大街上吃了卷心。这些人都受到环境所带来的制约，但他们都用自己的行动证明了，在通往成功的道路上，贫穷并不是不可以克服的。

"年轻人，起来吧，提升自己的修养吧！让你的休闲时间获得更好的回报。这些时间就像宝贵的金沙，要是能够恰当利用的话，就会让你获得丰富的思想宝库——这些思想会让你觉得充实，刺激着你前进，拓展你的灵魂。"

不要相信懒散之人所说的"一时冲动"。如果你想在人生的道路上获得胜利，就必须要走上赛道，敢于和别人竞争。

世人都在呐喊："那个拯救我们的人到哪里去了？我们

想要一个真正的人！"不要到远处找这样一个人，你身边就有这样一个人。这个人——就是你，就是我，是我们每个人……

如何才能成为一个真正的人呢？如果你知道如何去做的话，其实也不难；如果你只是去想的话，就没有比这更难的了。

——大仲马

要是坚持不懈，即便能力平平，也能比那些不愿坚持的天才获得世人更多的尊敬，对世界也更加有用。

——J. 汉密尔顿

一位懦夫站在战场的边缘，
心想：要是我的剑更锋利一点就好了，
王子身上那把蓝色的剑刃是多么锋利，
但这把该死的钝剑！
他将手中的剑扔掉了，
慢慢低下头，往回走，离开了战场。
王子受伤了，浑身疼痛，
此时他手无寸铁，看见了一把破烂的剑，
半埋在被人踩过的干沙子里，
马上跑过去拾起来，紧紧握住，重振旗鼓。
他将敌人杀个片甲不留，在这英勇的一天，
他挽救了整个国家。

——爱德华·罗兰德·希尔

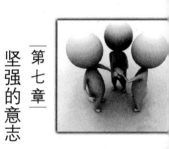

第七章

坚强的意志

Success

你会找到方法的，杀出一条血路。
世界总会为那些有志气的人让路。

"不可能"一词不应该在法语中存在。

——拿破仑

有能力的人始终会有用武之地的。

——艾默生

对有信念的人来说，没有什么是不可能的，要是你觉得有必要取得成功，那你就有这样的机会。这就是成功的法则。

——米拉布乌

要是我们觉得自己可以做到，那基本上就可以做到。要是觉得可以实现目标，那我们就成功了一半。因此，坚定的信念通常会让我们拥有上帝般全能的力量。

——斯迈尔斯

不要沉湎于思绪，果断上路吧。

因为若是我想追求的话，那就一定有个结果。

——莎士比亚

每个人都会给自己烙下某种价值，我们所追求的价值自然会反馈回来。人是伟大还是渺小，取决于他自身的意愿。

——席勒

在面对困难时，要像铁砧那样岿然不动，不可动摇。

——圣·伊格纳修斯

善良的本性加上不可动摇的信念，可以让我们撬动这个世界。

——波尔特校长

品格就是我们的志向，有什么的追求，就代表着我们是怎样的人。

——曼宁主教

不断追求，不断奋斗，不断前进，不要屈服。

——亚当斯

单纯的愿望不值一文。要想成功，你必须要认真地追求，这种追求必须要让你缩短睡眠的时间。

——奥维德

光荣与我们身上的灰尘多么近啊！

人离上帝有多么近啊！

当责任低声地说"你必须要做"，

年轻人回答说："我能！"

"他是一个真正的男人！"乔治·里帕德这样评价安德鲁·杰克逊，"我清楚记得去拜访他的那一天。他坐在那张靠背的椅子上——我能从他的脸上看出一名武士坚毅的表情，一头白发，即便到现在，印象依然是那么清晰。

"我们告诉他现在公众普遍存在不满的情绪——制造业已经接近崩溃，制造商的手臂上都缠上了黑纱，在独立广场上聚集了超过两万多人。杰克逊静静地听着我们说话。

"我们恳求他放松对银行的监管，挽救费城地方银行。

他依然没有说一句话。最后，我们中的一个人的情绪要比其他人更为激动，威胁杰克逊说，要是银行都倒闭的话，那么整个国家将陷入彻底的混乱。

"此时，年老的杰克逊从椅子上站起来——我能清楚地看到他的眼神。'来！'他以洪亮的声音喊道，右手紧紧握着椅子，理了一下白发，'用你的手把刺刀刺进我的胸膛吧，不要再说什么了——派你的人围困白宫吧——我等着你们呢！我身后的这些人是你们用金子与武力都不能利诱与恐吓的。我会将每个叛乱的人一一绞死，然后绕着首都转一圈示众。'

"当我想到那晚在华盛顿只有一个人在那里与银行势力及公众的恐慌作斗争，面对着背叛，饱受小人的攻击——当我想到只有他依然岿然不动，静静等待着时机，然后发出了那句永恒的誓言：'为了永恒！我绝不会偏离我之前的选择！'我必须要承认，这种气概曾在希腊语罗马的史书中记载过——不，即便是克伦威尔与拿破仑最辉煌的时刻——都不能与此时的安德鲁·杰克逊相比。为了人民的福祉，他宁愿献出生命、灵魂与名声，宁死不屈。"

艾默生曾说："我们满怀敬意、无所畏惧地前进，相信命运的铁链坚不可摧，觉得所有一切都是命定的。但是一本书，一尊半身的雕像，或是某个名字闪入我们的脑海，我们突然相信了意志的力量。每当听到那些不惧命运、敢于抗争的人的故事时，我总是感觉自己充满力量，像换了一个人似的。"

拿破仑在巴黎的军事学院参加考试的时候，非常准确地回答了考官提出的问题，让在场的教授与学生都惊讶不已。在考试临近的时候，一名考官这样问他："如果你被敌人围困在一个地方，缺乏物资供应，你会怎么办？""只要敌军阵营里还有食物，那我就没必要为此担心。"拿破仑回答道。是的，意志会让我们找到出路的。

拿破仑的自我控制能力是超群的。他手下的一名将军曾经忍不住发脾气，拿破仑对他说："没有哪个人伟大到可以让自己发脾气。"

对拿破仑来说，似乎没有什么能够阻挡他前进的脚步。他对俄国进行远征，这是人类历史上最为恐怖的一个段落。他显得那么冷静、淡定，控制自己的情绪，保持高度的专注，深信自己的目标能够达成，从没有削弱半分勇气。不幸、灾难、困难与悲伤——这些让一般人无法承受最终失去平衡心态的东西，始终无法打破他内心的平静。当雪地上沾满了士兵们的鲜血时，他依然无所畏惧，而是以身作则，激发士兵的斗志，唤醒他们的信心。即便是在最为艰苦的时刻，当他的军队被逼入绝境，处于饥饿的状态时，士兵们都觉得，如果可以选择的话，他们也宁愿为了拿破仑而牺牲。

"大自然似乎已经计算过了，"拿破仑说，"我这个人必须要忍受重大的挫折。她赐予我大理石般的心灵，任何雷声都不能让我的心灵感到害怕，所有的挫折只是在心灵的表面上滑过而已。"很少人有诸如拿破仑这样的自控能力，虽然他在某些方面存在一些缺点。

拿破仑的军队被包围在圣·让德艾克时，为了激励正在遭受疾病的士兵，他赤手去抚摸士兵的伤口。他说那些心中没有畏惧的人是不可能感染疾病的，他相信心智能够克服身体的障碍。

意志的能量——自我创造的能力——这是每个拥有伟大品格之人的灵魂所在。无论在哪里，只要存在这种能量，生活就有希望；哪里没有这种能量，生命就会变得脆弱、无助与沮丧。

只有当一个人自我放弃了，他才是真正失败了，所以接下来的问题是，我们不能放弃。

那些稍微遇到一点挫折就感到沮丧，停滞不前，或是以各种各样借口逃避工作的人，正走在最终失败的道路上。在做每件事情时，都要觉得这是必须要做的，那么你就会怀着愉悦的心态迅速地完成这些事情。瑞典的查尔斯九世年轻时就是一位深信意志力量的人。在自己最年幼的王子即将要从事某项困难的任务时，他把手放在儿子的头上，对他说："你能做到！你能做到！"

在这个充满竞争的世界，意志就是力量。凭借强大的意志，坚持自己的梦想，即便环境不佳，你也能取得最终的胜利。不，应该这样说，即便环境不佳，其他事情也不顺，只要你持之以恒，咬紧牙关，通常会取得意想不到的胜利。当我们读到《普鲁士大帝腓德烈的一生》，你就会明白上面这段话的意思。运气永远不会青睐那些在第一次尝试失败后就放弃的人。只有一样东西可以赐予人尊严与力量，那就是富于美德的能量。

一位公共知识分子曾说过："要是没有克雷先生在1841年的争取，那么世界可能还没有议会历史的存在。当时，克雷已经64岁了，通过投票选举，他成为了辉格党的党魁。在他的任上，他制衡着韦伯斯特在内阁的权力，凭借自己的口才与乔特在议会上进行辩论，而且还耗费巨大精力去压制卡拉布·库星与亨利·A.维斯的权力。他制衡约翰·泰勒，指责他们制造了1840年制造的混乱局面，与此同时，他还为自己的政治对手寻求庇护。"

"你有怎样的志向，你就能成为怎样的人。"充满力量的意志能决定我们的行动方向，让我们深信能取得成功。

拥有这样意志的人是不会失败的。

"今天，我必须要击败墨西哥军队，战死也在所不惜！"这是山姆·休斯顿在圣哈辛托河战役开始前的那个早晨对副官说的话。结果，他取得了胜利。

尤利西斯·S.格兰特，这位从默默无闻到举世闻名的年轻人，没有金钱与背景，没有贵人相助也没有强势的朋友，但在内战的六年里，他要比拿破仑在二十年的时间里打过更多的战役，赢得更多的胜利，俘获更多的俘虏，收缴更多的战利品，指挥更多的军队。

他只开过一次军事会议，并在会议上否决了其他将领的作战计划。

"我记得登特曾告诉我，"佩奇说，"关于格兰特回到位于圣路易斯附近登特的老家的情景。登特分给自己每个孩子一些钱，他的孩子都已经结婚，在美国各处自力更生。多年之后，他的孩子都带着家人回到老家，最后回来的是格兰特。大家似乎都不怎么待见他。登特对他说：'我把那边山坡上的四十亩地分给你，如果你愿意将上面的树木都砍掉的话。'格兰特是一个非常勤快的人，他马上拿起斧头，在那片土地上搭起了一座木屋，他的妻子儿女住在里面，而他一个人负责将那里的树木砍掉。登特法官跟我说，他经常靠在栅栏前，看见格兰特将一棵棵树砍倒。一天，登特在格兰特与孩子们聊天的时候对他说：'格兰特，你想让自己的孩子未来做什么呢？''嗯，'格兰特非常冷静地说，'我希望把尤利西斯送到哈佛大学，至于弗雷德，我打算送他去参军。'这就是那位曾经在战场风光无限的军人在退休后，身无分文，在这片土地上自力更生，为自己的子女的未来出谋划策的情景。"

"现在，我想说的是，"佩奇说，"格兰特的每个孩子都按照他当年的愿望去做了。"

正如黎塞留与拿破仑所说的，对那些真正的劳动者来说，字典里是没有"失败"这样的字眼的。米拉布乌将"不可能"一词称为是一个阻挡人前进的字眼。查德汉爵士在同事跟他说某些事情是无法做到时，冷静地回答说，这只是因为人们缺乏巨人般的意志罢了。"我一定要将不可能踩在脚下！"他说到做到。他满怀自信，凭借着钢铁般的意志将看似不可逾越的障碍踩在脚下。

一位名叫罗斯的绅士曾经陷入一个复杂的局面，因为欠下多个州的债务，被投放到了监狱。在监狱里，他在墙上这样写道：

"今天，我 40 岁了。在我 50 岁的时候，我的身家肯定会有 50 万美元。在我 60 岁的时候，我的身家肯定会有 100 万。"

　　现在，他的身家已经超过 300 万美元了。

　　当柯内留斯·范德比特还是个毛头小伙时，就拥有了不惧困难的名声，他的朋友都觉得没有什么事情是他做不到的。

　　"在我还是个年轻小伙时，"一位成功人士说，"我进入一家商店，询问他们是否招一名店员。'不需要。'他们粗鲁地回答。第二天，我依然穿着那件破烂的衣服，来到那家商店，询问他们是否需要一位搬运工。'不需要。'他们回答说。当时我真的要绝望了，于是我大声说：'一个苦力，要不要？给我多少薪水都没问题。我必须要找到工作，我希望自己能在商业上有所作为。'也许是最后这句话吸引了他们的注意，于是他们让我做苦力，每天在地下室里工作，而且薪水极低。在这里工作的时候，我想尽办法为老板节约成本，我节约下来的成本是我薪水的十倍之多。我绝对不允许其他人随便浪费，因为我觉得这算是盗窃罪的一种，要是我遇到这种情况，总是会揭发的。我从未请过两个小时以上的假。要是老板需要我在凌晨三点钟去干活，我也从不抱怨，而是告诉每个人：'你回家吧，这里有我呢。'每天早上天没亮，我就在码头上帮人搬货。总而言之，我很快就成为老板身边不可或缺的人，所以我不断得到提拔，最后，我成为这家商店的管理者。"

"虽然我们的品格是由环境塑造的，"约翰·斯图亚特·密尔说，"但我们的心智也能影响自己所处的环境。自由意志的信条真正激励人们的，是让我们深信自身有能力去塑造品格。虽然意志受环境影响，但我们具有可以改变未来的习惯或是意志的能力。"

　　为人羞涩与做事犹豫的人觉得所有事情都是不大可能的，主要还是因为他们自己觉得就是这样，而不主动去改变。

　　要是我们能够狠下决心去追寻一个目标，不左顾右盼，敢于抵制诱惑，不让其他事情分散自己注意，那么就肯定能取得成功。我们可以根据人们意志的坚强程度来衡量成功人士与非成功人士。诸如詹姆斯·麦金托奇、柯勒律治、勒哈帕及其他以自身才华照亮这个世界的人，都是意志力极为坚强的人。很多人都无法将自身的潜能挖掘出来，虽让世人对他们抱有期望，最后却让大家都感到深深的失望，他们基本上没有什么值得称道的成就，就是因为他们缺乏坚强的意志。一个拥有坚强意志的有才之人要比缺乏意志的天才取得更大的成就。

　　我希望能够像美国的年轻人说明一点，即意志力对他们人生的成功与获取愉悦的生活上起到非常大的作用。意志力让人们所取得的成就是难以估量的。缺乏坚强意志与不主动而为的人，几乎是很难有所作为的。

在这个世界上，人所能做的最伟大事情就是最大限度地挖掘上天赐予你的天赋。这样做本身就是成功，没有其他成功的方式了。每个年轻人都应该这样问自己，我能做什么呢？我该怎样最大化地发展自己呢？最大化地挖掘自身潜能呢？我该如何最好地利用机会呢？

在这个拥挤、你追我赶、贪婪与自私的世界里，一个年轻人要是没有意志与定力的话，他又能够做什么呢？

坚强的意志再加上深厚的情感，能让我们被人称为路德式的人物；要是坚强的意志加上了贪婪与野蛮的话，就会被人称为尼禄式的暴君。没有品格却又拥有权力的人，最后必将自毁长城。在人类历史上，这点已经被反复验证了。

我们的习惯与性情并非我们的主人，相反，我们是习惯与性情的主人。即便在良心动摇的时候，我们都会本能地反抗。要是我们能下定决心去控制它们的话，就知道该怎么做了。

一位颇具思想的作家曾说，人生的不顺，并不是因为命运的无情。人的意志是可以被控制的，要是掌控了自己的意志，那么人就是自己命运的创造者与主人。掌控了自己的意志，人就能依靠永恒的力量与自身的能量，让自己走向成功。要是他屈服于意志的控制，使得他内心沉睡的潜能无法被激活，那么他就会追随低俗的本能，最终走向毁灭的地狱。

对意志坚强的人来说，内心始终会泛起一股高尚的情感，不断催促他进行自我提升，虽然前路艰辛，困难重重，但他们依然秉持人生的信念，无所畏惧，不知疲倦地前进，最终必然能得偿所愿。这些人可能没有获得武士的威名，也没有诗人的桂冠或是政治家的光环，但是他们能够坦然地面对这个世界。也许，他们不懂如何成功地利用一件政治事件去推动革命，没有能力成为共和国的缔造者，他们的名字也不可能像那些全国知名的英雄或是政治家那样像星星那般闪耀，甚至，他们的名字可能只是在邻居范围里流传，但他们的行为无疑是光荣与高尚的。

所以，相信自己，上天自然会帮助你的。"每颗心灵都会为钢铁般的意志所颤动。"接受你目前的位置，全身心地投入到进步的奋斗中。无论你拥有什么头衔，只要你在别人退缩的时候，依然敢于前进，那么你就是英雄。

人与人之间真正的不同之处在于他们所具备的能量。坚强的意志、不可动摇的目标与不可战胜的决心能让我们无往而不胜。这就是伟人与普通人之间的区别。

——福勒

某些人拥有强大的意志，而别人却觉得这只是冲动的一种表现，就让这些人说去吧。拥有强大的意志并不是意味着你陷入了停顿，或是单纯地控制内心中的邪念。相反，坚强的意志能让我们充满乐观的精神，让我们挣脱枷锁，让我们活得勇敢。

——里切特

生长在新英格兰的小孩，要是缺乏强大的意志，的确是一种悲哀。在我们这个充满活力的社区里，他会是所有人眼中最弱小的。为人不坚定与左右摇摆，这对那些出生在新英格兰的孩子来说，是一种难以饶恕的罪孽。

——詹姆斯·弗里曼·卡拉克

拥有古印第安人的精神吧！在他们奋力捉了一头鹿，抢着吃的时候，别人问他们：“你们喜欢吃这些东西吗？”这些印第安人非常从容地回答：“这是我的粮食，我肯定喜欢。”

——迈克·康诺利

不要认为天边的星星是寒冷的，不要说宇宙的力量与你为敌，不要觉得命运对你是无情的，因为如果你的意志是不可战胜的话，那么你就能看到星星的光芒，你就能利用这种力量，你就能成为自己命运的掌控者。

——吉利斯

年轻人，命运其实并不像表面上那样不可捉摸。宇宙的主宰者并不是吝啬的，不会剥夺人类自由的意志，我们每个人都能走出属于自己的道路。

——布尔维尔

第八章

良好的举止

Success

行为本身就占据了生活的绝大部分。

良好的举止本身就是一笔财富。

有时，在我们遇到一位举手投足非常得体的绅士时，即便之前不懂得如何成为绅士，也自然会想着该怎么做。

——艾默生

在皇宫的墙壁上，礼仪诞生了，并有了自己的名字。

但在茅茨之屋的墙壁上，也能看到同样得体的生活。

——伊拉·霍华德

礼貌换来别人的尊重，这是受人欢迎的良方。我们做事的方式通常要比事情本身还要重要。

——J. E. C. 威尔顿牧师

在学习礼仪的过程中，举止得体是需要重点观察的一个点。

——N. P. 威利斯

良好的举止与高尚的情操是牢不可分的，也是坚定的"盟友"。

——巴托尔

从过去的经验来看，我发现在待人处事上，没有比举止得体与为人可亲更为重要的了。

——特伦斯

我们不可能总是那么友善，但至少可以柔和地说话。

——伏尔泰

礼貌代表着道德。柔和的举止需要一颗柔和的心灵。

——茱莉亚·沃尔德·豪维

柔和地说话吧！

这个小习惯会深深走进我们的心灵。

这样的好处与欢乐会一直存在到永远。

——朗格福德

要是我们能有天使那样流利的口才，就能通过聆听而非说话的方式，取悦一些男人、女人还有小孩。

——C. C. 克尔顿

没有分寸的话暴露了一个人缺乏修养，因为没有分寸就是缺乏常识。

——罗斯科曼

虚伪可能会帮一个人掩饰，但不可能让他得到提升。

——罗斯金

"你给我马上滚！"纽约市一幢大楼的保安对一位衣着朴素的老妇喊道，"我们不能让任何书商经纪人进入这幢大楼，知道吗？"

这位保安粗鲁的话语引起了一位律师的注意，他看到了那位年老的女性，马上向她致敬，并带她到自己的办公室。

"那是海蒂·格林！"在那位女性离开后，律师对那位保安说，"她每天的收入就有1万美元，这还不算，这幢大楼就是她以125万美元抵押出去的。"

在其他条件相等的情况下，也许除了诚实之外，没有比良好的举止、礼貌与待人友善对年轻人取得成功发挥更加重要的作用了。要是两个人一起面试，举止最佳的人肯定会得到聘用。第一印象是极为重要的。粗鲁、莽撞的行为会马上让人们产生成见，紧闭心扉，让对方无法进入。表情与肢体的语言就是心理活动最直接的体现，也是最容易看出来的。

拥有让人愉悦举止的年轻人会在成功的道路上遇到更少的障碍，比那些行为粗鲁或是不懂礼仪的人拥有更多成功的机会。

即便我们长得丑陋，甚至身体出现了残缺，要是有良好的举止，也会赢得世人的尊敬，这要比有着漂亮脸蛋、完美身材但却行为粗野的人更受欢迎。

"礼貌对本性来说是自然的，就好比芳香之于花朵。"

不知有多少顾客宁愿多走一段路，去一间装饰不是很豪华的商店里购物，只因为他们想到某位非常有礼貌与客气的销售员在那里卖东西。所有人都讨厌脾气暴躁且没有礼貌的人，没有人喜欢被冷落的感觉。很多企业的成功和失败都取决于员工如何对待顾客，因为这才是一家企业能否成功的重要因素。

已故的利物浦著名商人扎奇里亚·福克斯在被人问道如何赚取如此巨额的财富时，他回答说："我的朋友，我只需要一样东西，这样东西是你也拥有的，如果你愿意给予的话——礼貌待客。"

来自格林山的一位20岁的年轻小伙子从小就在贫穷与

艰苦的环境下成长，当他身处伊利诺伊州的某个举目无亲的小镇时，他并不感到沮丧。他身上只有几分钱，除了穿在身上的衣服之外，再也没有其他东西了。但是，他没有畏惧——这就是他离开老家的原因——他决定在这个世界上闯出一番事业。

他阳光与坚毅的脸庞让一位正在招聘职员的拍卖商感到高兴，于是给他提供了一个日薪两美元的工作，直到拍卖活动结束。他非常努力工作，友善地对待每个人，赢得了所有人的好感，让他们觉得必须要聘用自己工作，结果，很多人都推荐他去当老师。他在工作的闲暇时间学习法律知识。在他 21 岁时，就创立了自己的律师事务所，开始了执业生涯。

他的稳步前进让人眼前一亮。他先从伊利诺伊州的州议会议员成为州务卿，后来又担任州最高法院的法官。在州最高法院当了 3 年律师，斯蒂芬·A. 道格拉斯被选入国会，之后一直担任参议员与众议员。待人和蔼与让人愉悦的举止让他无论到哪里都受到欢迎。

在各个领域中最为成功的人并非总是那些能力最强、最为精明或是最为勤奋的，而是那些待人总是始终友善、让人愉悦的人，他们对别人的进步感到高兴，不会刻意伪装自己，而是发自内心地表达自己的情感。而这些成功之人的对手则会鄙视或是拒绝别人伸出的援助之手。

已故的乔治·希根波塔姆，是维多利亚时期最高法院的法官。他对女士的礼貌是一如既往的，不分她们的地位或是个人魅力。他会向自己的女性厨师致意并向她鞠躬，就好像她就是女公爵一样。

每个人在日常生活中对待家人的表现能展现他们的品格与性情。友善地对待家人，礼貌地对待仆人的人，就可能在所有的人际关系中获得别人的尊重。

罗伯特·E.李将军在乘坐火车前往里士满的途中，坐在最后排的位置，火车上每个位置都坐着人。在某个停靠站，上来了一位年老的女人，满脸沧桑，手里提着一个很大的篮子。她沿着过道走，但没有人愿意让座。当她走到李将军对面的位置时，他迅速站起来，对他说："夫人，坐我的位置吧。"就在那一瞬间，很多士兵纷纷站起来，大声说："将军，坐我的位置吧。""先生们，不行。"他回答说，"要是车上没有这位女性的位置，那肯定也没有属于我的位置。"李将军以自身的无私与周到为绅士的真正含义定下了基调。

对漠视举止规范的人的惩罚就好比罪犯最终都逃不了法律的制裁。社会已经形成了一种共识，即摒弃那些举止不佳的人。

在托马斯·杰弗逊当副总统的时候，他曾从费城前往华盛顿。夜幕降临后，他们一行人来到了巴尔第摩。他们白天在崎岖的道路上行走，感到非常疲惫，所以在发现了一间旅馆后，就想在此入住。这间旅馆是一位名叫博依登的苏格兰年轻人负责管理。杰弗逊当时的穿着跟一般的农民没什么区别。

酒店里几位年轻的家伙向博依登示意，暗示他这个普通的陌生人是没有钱来这里消费的。

"要是可以的话，我希望还有一间空房。"杰弗逊问道。

"一间空房？"博依登回答说，"不好意思，我们的客房都住满了。"

杰弗逊副总统只能骑着马离开到另一间酒店，那里有一个人认出他了。

几分钟后，一个人骑马来到博依顿那里，跟他说："你这里刚才是不是有一位绅士刚刚来过"

"绅士！这里没有绅士来过啊。只有一位农民模样的人来到这里。对于他这样的人，我跟他说这里的客房已经满了。"

"是吗？"那人笑着说，"那位像是农民的人正是美国的副总统——托马斯·杰弗逊啊，一位最为伟大的人啊！"

"我的天啊！看我做了什么呢？"博依登大声喊道。他马上安排好一间最好的客房，派一位朋友去找杰弗逊，向他道歉并邀请他前来入住。

杰弗逊在听到真诚的道歉后，就对那人说："回去告诉博依登先生，我感谢他的好意，但我现在已经订好房间了。如果他没有为一位走在泥泞路上的农民准备好房间，那他也没有为副总统准备好。"

我们还可以举出很多例子，说明很多人是注重外在形象的。很多人都将自己良好的礼仪隐藏起来，为某个重要场合预留，而不是在日常生活中每时每刻地践行。这些人没有还没有认清个人内心的神性画像。

成千上万的专业人士虽然没有特别强的能力，但他们依然凭借践行富于礼貌的行为而获得了财富。很多医生将自己的名声与成功归功于朋友的推荐或是那些铭记他们善意、友好与细心的病人的介绍。很多成功的律师、牧师、商人都非常认可礼仪对他们成功所产生的重要影响。

一天，伊拉斯塔斯·科宁，这位其貌不扬的残疾人正准备从月台上走到火车上，一位列车员对他大声喊道："老头，快点啊，车要开了，不要在那里磨蹭了，火车是不等人的。"接着这位列车员就去检查乘客的车票了。一位乘客对他说："你知道刚才被你吆喝的那位先生是谁吗？""不知道，我也不想知道。"

"你最好还是认识一下为好。他就是铁路公司的主席，他会让你失业的。"

这位列车员低头嘀咕了一声，似乎他在好好考虑这位乘客的建议。他厚着脸皮找到了那位瘸腿的铁路公司主席，向他道歉。科宁说："就我个人来说，我并不在意。如果你也是这样粗暴地对待其他乘客的话，我会立即把你解雇。你也看到了我的脚有点问题，走起路来非常吃力。事实上，你不知道我的身份这一事实并不能改变你的行为。我不会聘用任何对待乘客粗鲁的员工。"

文明、礼貌与礼仪对取得成功有着重要意义。据说，一位成功的灯芯经销商伦迪·福特将自己事业上的成功归结于感谢那些哪怕是最为贫穷的顾客，每次都会对他们说声："下次记得光临。"

一位英国绅士到意大利都灵旅行，那时候，外国的旅行者要比现在更能吸引本地人的注意。这位绅士在都灵的街道上闲逛。刚好有一队步兵经过，于是，这位绅士就站在原地等士兵们过去。而一位年轻的中尉一心想要向这位外国人展现一下，脚跟突然不稳，打了一个趔趄，他的帽子掉在地上。围观者们大笑，看着这位英国绅士，希望他也能跟着笑起来。但是，他并没有这样做，而是保持平静，走上前将这顶帽子拾起来，交给那位尴尬的中尉。中尉对此很惊讶，同时也心存感激，然后马上赶回到自己的队伍。

路人纷纷鼓掌，他继续往前走。虽然这一幕没有人在说话，但是这个画面却触动着每个人的心。

这件事传到了一位将军那里。当这位英国绅士回到他所入住的酒店时，他发现一位侍从武官正等着他，邀请他到总部参加晚宴。那天晚上，他来到皇宫，那里聚集了欧洲各国很多名流，但他获得了比别人更多的关注。他在都灵旅行期间，获得了近乎皇室的待遇。在他离开的时候，收到了意大利其他城市的邀请信。就这样，一位地位不高的人，通过自身展现出的优雅行为，在到外国旅行的过程中获得了比一些皇室成员更热烈的欢迎。

哈里森，费城的机械师，每天坐在长椅上工作，以他的礼貌为人熟悉。一天，几位绅士前来他所在的企业，当时老板不在，他负责招待这些绅士。他与这几位绅士无所不聊，睿智地回答着他们的问题。其中一位拜访者对他所展现出的礼貌感到惊讶，说在其他制造厂很难找到这样一位有礼貌的员工。于是，他将一张名片递给了这位年轻的机械师，希望他在晚上能够去找他。这位绅士是受俄国沙皇的委托去寻找美国优秀的机械师的。这位年轻的机械师受邀前往俄国驻美使馆。那天晚上，他与俄国方面签订了合同，这为他带来的名声与财富。哈里森就是利用自身的礼仪与能力去为自己的发展铺路的典范。

"我对林肯先生的第一印象，"斯普林菲尔德的一位女士说，"是在他的一个善举后形成的。当时，我与我的朋友正准备进行第一次铁路旅行。这是我人生最有意义的事情。我为这次旅行已经计划了很久，做梦都想着实现。那天终于来到了，火车出发时间逐渐临近，但那位负责搬行李的人却没有如期将行李拿来。时间分秒流逝，我悲伤地意识到，我肯定会错过那趟火车的。我站在门口，头上戴着帽子，手上穿着手套，心碎地抽泣。此时，林肯走过来了。

　　'发生什么事情了？'他问道，然后我就把事情一五一十地给他说了。

　　'那个行李箱有多大？要是不大的话，那我们还有时间。'说着，他就走进我的家门，我的母亲将他带到我的房间，那里有我的一个老式小行李箱。'哦，振作点。'他说，'擦干眼泪，快点出发。'在我意识到他即将要做什么之前，他已经把行李箱扛在肩膀上，走下楼梯，冲出了庭院。接着，他往街道上狂奔，他的长腿在拼命地跑，我在后面跟着，一边跑一边擦干眼泪。我们刚好赶上火车。林肯将我送到火车上，向我吻别，祝我玩得开心。这就是林肯。"

　　维多利亚女王曾经建造了一家大医院，举办了盛大的典礼。之后，她到医院视察，认真询问每位病人的状况。其中一位病人是一个四岁的孩子，这位孩子说："要是我能看到女王陛下，我相信自己的病情会有好转的。"慈母心肠的女王听到这个消息后，马上前往这位孩子的病房。她坐在这位小病人的床边，语气柔和地说："我亲爱的孩子，我希望你很快就能康复。"这是一个非常简单的行为，却充分展现了维多利亚女王的风范。

"礼仪，"蒙塔格女士说道，"不需要花费什么，却能买下所有东西。"

"赢得了别人的心，"布尔莱格对伊丽莎白女王说，"你将赢得所有人的心与钱包。"

拿破仑肯定拥有让人着魔的魅力，能够让当年囚禁他的士兵最终将他重新送回到国王的宝座！

切斯菲尔德爵士称，无论对男人还是女人来说，举止的魅力都是无法抵挡的，他正是凭此赢得了马尔伯勒公爵的信任。莱顿爵士曾说："没有任何行为可以像礼貌这样具有力量，良好的举止是这个世界上最美好的事情，这能让我们获得良好的名声，也能让我们获得物质上的丰盈。"

加里波第来到伦敦后，受到热烈的欢迎，但他却弯下腰亲吻一位劳动者的孩子，他这一简单的行为"使英国劳动人们的心都敞开了"。善良的乔治·胡波特帮助一位农民将他陷入水沟里的车子抬上来。在他的朋友开玩笑地问他为什么会衣冠不整的时候，他说这样一个卑微的动作会让他"在半夜里听到音乐"。拉法尔·阿本克罗比爵士在临死前还给邓肯·罗伊送去毛毯。比利时国王透过皇宫的窗户看见一位孩子的葬礼，就给这位伤心的母亲送去花圈。

良好举止的最终体现是"你应该像爱自己那样爱自己的朋友"。真正的礼貌就是在社会交往中运用这种黄金法则。麦克科内尔告诉我们，在法国没有一个女人比里卡米尔女士更加让人着迷的了，在她年老的时候依然能够让人感受到她的魅力。很多作家依然会带上自己的作品读给她听，虽然她本人并不擅长写作。很多艺术家会跑过去向她展示他们的画作，虽然她不会画画。很多政治家都向她谈论自己的政治蓝图，虽然她对政治没有什么兴趣。正是因为她对自己的朋友都怀着真诚的善意，她对别人的希望与恐惧都抱有深厚的同理心，让她受到世人的赞许。无论她到哪里，都受到人们的欢迎。只要她一出现，就会带给人一种魅力。

威灵顿公爵是英国上世纪最伟大的将军。当这位曾经的勇士退伍后，在日常生活里，他就像一个孩子那样温顺与文静。他总是那么有礼貌，虽然他已经习惯了之前在军队时万人响应的情况，他下的命令没有人敢违背。但在他退下来以后，在要求别人做某事的时候，总是先说："麻烦你了。"

　　据说，这位"铁血公爵"最后说的一句话是在他的病榻上说的。忠诚的仆人照顾着他，仆人觉得公爵可能口渴了，就用茶壶倒了一杯水给他，问他是否要喝水。"是的，辛苦你了。"公爵说。

　　很多人可能觉得个人的力量与柔和的品格之间存在着某种不协调之处，但这种想法是完全错误的。实际上，这两者不仅是契合的，而且是最完美的组合。那些认为个人粗野的行为就意味着自身是天才或是觉得狂妄的行为就是品格强健的人，真是愚蠢透顶了。

　　切斯菲尔德曾说打造个人魅力的艺术实际上就是人不断奋起的艺术，也是彰显自己的艺术，让自己成为世界上有所成就的艺术。事实上，他这样说并没有任何夸张成分。

　　霍威尔斯在写关于朗费罗的文章时，说朗费罗是他所见到的最为谦虚的人，他对所有事情都非常有耐心，比所有绅士都更加绅士。与菲利普斯·布鲁克斯一样，朗费罗从来不会拒绝那些拜访他的人。当别人问道这样做是否打扰到他时，他轻轻地说，相比于被打扰，他从这个过程中获得了更多东西——要是没有别人的打扰，他可能过度工作，让身体出现过分劳累的情况。他在给读者签名时候的大度也是广为人知的，当别人要求他签五十个名字的时候，他总是显得那么乐意。

伦敦一家企业的某位销售员就是凭借耐心与礼貌的名声，吸引了很多顾客。据说，要想让这位销售员表现出一丝的烦躁或是说一些不雅的话语，几乎是不可能的。一位颇具地位的女士听到了这位销售员的名声，就下定决心想去试探一下。但是无论她如何不停地询问、打扰或是计较，这位销售员依然保持平静的态度，很有礼貌地回答这位女士的问题。于是，这位女士给了这位销售员一笔启动资金，让她自己出来创业。

　　雨果曾对丹尼尔·德隆达说："做人要有礼貌，友善待人，不要为了一点小利而损害自己的品格。"

　　对某些人来说，友善待人，是需要花费很大努力去克服人性的弱点的。一位英国政治家曾非常愤怒地说："钱宁这个人要每隔三个小时才能当一回绅士。"

　　著名学者阿诺德博士的伟大目标就是让他的学生感觉自己是"富于基督精神的绅士"。

　　一些人凭借自身异乎常人的能力，虽然行为有点粗野，惹人讨厌，但还是成功地获得了名声与财富，但要是他们的举止更加得体或是待人更有礼貌的话，那他们肯定会更快地取得成功，也不需要花费那么大的功夫。

　　虽然粗俗存在于某些具有品格力量与正义的人身上，但粗俗这种品质对他们始终是一个污点，绝不是一个亮点。

要是一个人真心想要培养得体举止的话，那他很快就能把优雅的举止变成自己的"第二天性"。与举止得体的人多多交往肯定会给我们带来好处，在无形中给我们带来影响。

塔里兰德将自己的成功归功于友善地对待每个人。

海顿本人就是礼仪的代名词。他曾说："无礼对待别人是毫无意义的，即便对待一只狗也不能那样。"

格拉斯通礼貌地对待所有人。他认识老家附近的每个人，即便是对最贫穷的劳动者，他都给予善意的安慰。

克伦威尔虽然身处高位，但他从未远离英国乡村绅士所应有的品质。在谈话的时候，他总是那么安静与从容。

"我的孩子，"一位父亲对儿子说，"要礼貌地对待每个人——即便别人粗鲁地对待你。记住，你礼貌地对待别人，并不是因为他们是绅士，而是因为你是绅士。"

我们可以从外国人身上学到很多关于礼貌的知识。要是你在维也纳去问一间商店的老板到一处名胜古迹该怎么走的话，那么这位老板很有可能会离开自己的店铺，与你一道前往。而在我们国家的一些城市里，要是别人不对你大声吆喝，你已经觉得很幸运了。

优雅的谈吐，认真对待每个人——无论他们是穷人还是富人，身处高位还是低位——才能让我们赢得别人的好感。

最为强大与最为勇敢的人一般都是那些性情温和、友善待人、注重别人情感的人，即便是别人对你有成见。

圣保罗曾给良好的举止下了一个基调，他说："友善对待别人，就是友善对待自己。"良好的举止在社交生活中发挥的作用就像是阳光对植物的作用——带来美丽的颜色与优雅的气质。

人的品格在衣着上会有所体现。当一个年轻人的道德开始逐渐堕落，品格开始被腐蚀的时候，这通常体现在他的衣着上，他会变得不注重外在形象，穿得邋遢，衣冠不整。"人靠衣装。"有人仿照蒲柏的话这样说道。不当的衣着会影响我们的形象。

整洁的衣服会给身体传达干净的感觉，而这种干净的感觉反过来会延伸到我们的工作中去。我们可以明显感觉到，衣着对自身工作所产生的影响。我们的衣着毫无疑问影响着我们的情感。每个人在穿上一套全新的衣服后，都会感觉整个人好像焕然一新了。

布冯曾说，除非他穿上庄严的宫廷衣服，否则他根本无法去为一个良好的目标进行思考。在开始学习前，他总是这样做的，甚至还要配上宝剑。

不可否认，很多取得重要成功的天才都对自己的外在形象毫不在意，这个世界也忽视他们的形象，并给予宽容。

但这只对那些富于成就的天才而言才行得通。很多年轻人就以这些天才们为榜样，学习他们不修边幅，最终发现自己失败得很惨。身处高位或是取得伟大成就的人展现出个人的一些怪癖，这不是那些正在努力奋斗的年轻人所应该学习的。

一家公司解雇了一名老员工，因为他的衣着总是那么邋遢，他的外在形象从未给人衣着整洁的感觉。解雇他之后，公司打广告招聘一位经理，结果有40位应聘者，但只有一人进入了复试。

"你注意到他整洁的衬衫与领带了吗？"公司的一位合伙人在面试者走了之后这样说。"他的皮鞋擦得多亮啊，他整个人看上去多么整洁啊！"这位年轻人的形象帮了他的大忙，获得了第二天早上前来复试的机会。与他一起竞争这个岗位的很多应聘者也许比他更加适合这个职位，但是第一印象实在是太重要了。很多年轻人在城市里晃荡了几个月，都找不到一份工作，要是他们好好地整理一下自身的外在形象，改变之前邋遢的情况，或许不出三天就能找到了。没有一家企业愿意招聘那些看上去邋遢的员工。在这片充满机会的土地上，即便是最贫穷的人也不应该让自己的形象显得邋遢。一个总是没有目标与看上去没有活力的人是很难拥有自尊的，没有人会聘请那些缺乏尊重、不注重外在形象的人。你的衣服可能显得很旧，甚至打过补丁，但是要显得很整洁，另外，你还要擦亮自己的鞋子，梳理好头发，修理好指甲，这样才能赢得每个人的尊重。

对别人是否具有良好举止的一个考量标准，就是我们在那个人面前是否感到自在。看到别人感到痛苦，无疑也会让我们感到痛苦。在举止优雅的人面前，我们的话匣子自然会打开，之前的拘谨、不自在与羞涩都会消失。即便我们有什么癖好、不足或是软弱的地方，在举止优雅之人面前，我们都自然会忘记。

一位残疾人曾说，他能按照别人对待他的方式来区分他的朋友，有些朋友会问他怎么会变成残疾，还有一些朋友永远不会提及有关残疾的事情或是让他想到这点。真正的绅士与淑女不会盯着你的缺点不放，而是千方百计地避免提到你的这些缺点。

良好举止的魅力能让我们化解恐惧、不安、自我意识、无知与不足！我们欣赏那些举止得体之人，是因为他们让我们感觉到自己是真正的男人或是女人，并在这个世界上有一席之地。良好举止能让这个世界为你让路，这也是一种赚取财富的能力。

人在这个世界上，应该像橙树那样在花园里自由地"走动"，每当微风吹过，就发散出一缕芳香。

礼貌待人就是基督精神最实在的体现。

——杜威

心灵散发出真诚的热情是很难用言语来表达出来的，但是能立即为人所感觉，让陌生者立即感觉到自在。

——华盛顿·欧文

教会我如何感觉别人的伤痛，
隐藏我所看到的瑕疵。
我对别人的仁慈，
就是对我自己的仁慈。

——蒲柏

Success

很多年轻人之所以有所成就，
是因为他们读到一本书而得到启发与感悟。
若每家每户都拥有一个小的图书馆，这将会彻底改变我们的文明。

第九章

心灵鸡汤

画家的艺术品就是一种祝福。

——海勒夫人

书籍是更高层次的"人"，也是唯一能让未来的人听到声音的"人"。

——巴雷特

年轻的朋友们，我想对你们说，养成阅读的习惯吧。我敢说这是获得人类创造的最伟大、最纯净与最完美的乐趣的唯一途径了。

——安东尼·特罗洛普

要是你去阅读真正值得阅读的书，就会发现社会上一半的流言都会自然消失。

——达尔森

即便是在最高的文明里，书籍依然会是人类获得最高乐趣的途径之一。

——艾默生

要是我能让每个家庭都去读一些文学作品的话，那我就能保证教会与国家的健康发展。

——培根

密尔沃基市最近逮捕了四名少年，他们被指控多项罪名，其中包括纵火罪。这些少年说他们属于"强盗大本营"，那里有他们收集的香烟与烟草等东西，并且他们几个人都是拜把兄弟，就是所谓的"不求同年同月同日生，但求同年同月同日死"的那一种。这四名少年都是来自受人尊敬的家庭，却受到了不良书籍所产生的坏影响。其中一位来自地位颇高家庭的少年说自己希望"能看上去更强悍一点"。在他被捕时，身上带着小刀、一本讲述西部牛仔的故事书以及一包烟草与四支雪茄。

R. A. 威尔莫特曾说，即便阅读10分钟的法国小说或是德国理性主义者的作品，也就会让读者受益。

谁能估量一本坏书所产生的影响呢？心智在吸收书籍养分时，正如我们的身体需要食物一样。良好的食物会让我们有更加健康的血液，而变质的食物会让我们患上疾病。一本坏书对品格的影响，就好比变质的食物对我们身体的健康组织所产生的影响。

"父母都害怕自己的子女选择不良的朋友。"《锡安先锋报》评论道，"但是一本坏书产生的影响更加恶劣。你无法通过让孩子不去读那些书或是惩罚孩子去驱赶那些不良的影响。你必须要培养孩子养成更有品位的阅读习惯，言传身教，唤醒孩子对优秀文学的热爱。"

还有比与大师们进行交流更加让我们感到无比兴奋的吗？让年轻人去读一下艾默生的作品。就算在其他作家看来，艾默生的作品也是那么让人心驰神往，让人爱不释手。

格拉斯通曾说他的人生深受亚里士多德、圣·奥古斯丁、但丁与布特勒主教等人作品的影响。

年轻的林肯住在偏远地区的小木屋里，每天晚上借着火光如饥似渴地看书，似乎觉得要是现在不看的话，以后就没有机会了。《华盛顿的一生》及其他好书都是他步行很多里路到其他地方借过来阅读的，因为他根本没钱买这些书。

在林肯当时居住的荒原上，根本没有一间图书馆。住在附近小木屋的邻居的家里也只有《圣经》这一本书。看看这位高瘦的年轻人对知识的渴望吧，他的灵魂被借过来的几本书点燃了。他曾步行到斯普林菲尔德借书，然后沿着原路归还，顺便再借更多的书。每天晚上，他都在火光下看书。他每天早上早早起床，如饥似渴地看着这些珍贵的书籍。在这样艰苦与让人压抑的环境下，他是怎么成为一名世纪伟人的呢？他所住的小木屋没有地板与窗户，每天晚上他就睡在装满玉米碎的麻袋上。但是这间简陋的小屋在他阅读《华盛顿的一生》时似乎变成了人间天堂。他借过来的其他好书都让他如痴如醉，点燃了他内心的火焰，之后，这把"火焰"越燃越亮，直到他人生的最后一刻。

在狄更斯的作品里，没有比他讲述自己童年生活的作品《大卫·科波菲尔》更让读者感动的了。他在书中向我们说明一点，要是没有对书籍的热爱，他就不可能拥有那么强大的力量。他童年时一个人待在阁楼里，但并不感到寂寞，因为他有书籍的陪伴。书籍让他的思想更纯粹，头脑更灵敏，对生活保持正确的态度，即便是在喧嚣的城市里，也是如此。

即便是最贫穷的孩子也能利用空闲时间，通过阅读抓住接受教育的宝贵机会。书籍为我们利用零碎时间提供了一个机会，否则这些时间都会被浪费掉。书籍能让大脑充满美妙的回忆，倘若不去阅读的话，这些时间就被荒废了。想象一下，书籍对我们人生所起到的重要的意义吧：每一位美国男女都可以通过阅读去接受教育，这种教育甚至要比大学教育更加重要。

　　理查德森在印刷的工艺出现之前就告诉我们，当时，书籍非常稀有，不得不派大使到罗马找一本《西塞罗的演讲录》或是《昆提利安的学院》等书的复印版本，因为当时的法国竟然都找不到这几本书的复印版。德牧波罗斯修道院院长阿尔伯特耗费了大量时间与精力才收集到了150卷的书籍，其中很多卷都是现在世界仅存的，这的确是一种奇迹。1494年，温切斯特主教的图书馆所收藏的书籍，只有关于不同类别的17本图书。他曾从圣斯维森女修道院借来一本《圣经》，为此要付出一大笔押金，还要写借据，保证归还的时候一定要完好无损，让人感觉十分庄重。要是有人愿意向修道院捐献一本书的话，这就能保证他一辈子得到救赎了，而这本书也将放在上帝的祭台上。罗切斯特修道院每年都会向那些偷窃甚至只是隐藏一本书的人表示谴责。如果他们买了一本书，这就是一件相当重要的事情，所有的名流都会聚在一起，目睹这么重要的事情。在14世纪之前，英国牛津大学的图书馆只有几本小册子，而且存放这些小册子的大门都要牢牢锁住，害怕有人偷窃。14世纪初期，法国皇家图书馆只有四册经典书籍，还有几本别人捐献的书籍。在当时，拥有一本书是一件非常光荣的事情。在当时的一本书里，有一张图画代表着神在安息日休息，他的手里拿着一本书，做出要阅读的动作。而在更早的时代，情况也许更加不容乐观：知识到处分散，缺乏体系，而真理则被藏在一个"深井"里。莱克格斯与毕达哥拉斯为了了解有关转生轮回的理论，不得不前往埃及、波斯与印度。梭伦与柏拉图为了追求他们想要的知识，也不得不前往古埃及。希罗多德与斯特雷波不得不云游四海，收集相关的历史资料，并且在旅行的过程中观察当地的风貌。当时没人敢说自己有一座图书馆，要是他能有6本书的话，就已经非常了不起了。在过去那个极为缺书的时代，我们的老前辈在某些方面已然超越了我们。

法国大革命后，法国竟然没有几本《圣经》了。于是，政府就派人到各个书店里找了四天，结果都没有找到一本。

让你的房间与家庭摆放更多的书吧。在阅读的过程中，我们的心灵会得到改变。对书籍的热爱源于我们与书籍相识，并且愿意接近它们。

肯特建议每个年轻人在有经济能力的情况下，多买一两份报纸或是一本杂志看看。

要是所有毫无必要的花费都被砍掉的话，就会发现收藏书籍其实并不需要多少自制或是做出多大牺牲。要是一个年轻人想与时俱进，知道世界每天都发生了什么，那他最好订阅一份好的报纸。这样的话，他就不会错过他想了解的信息。公共学校都开始引入报纸了，现在的学生不再像以前那样只读"圣贤书"了，而是能看到昨天这个世界发生了什么，通过电报得知这个世界在发生怎样的转变。他们在看报纸的时候，其实就是在阅读历史。一份好的报纸就是历史的最佳报道者。

詹姆斯·艾里斯说，报纸就是世界的一面镜子。

生理学家说，身体每隔几年就会出现一次彻底的改变。我们的心灵也会出现改变，这在我们阅读或是所交往的朋友中发生转变。阅读的每一本书，就像每一位与我们倾心交谈的朋友，都会在内心留下痕迹。即便是书本中的人物性格也会对我们品格产生潜移默化的作用。这些人物性格会流露在我们的脸上，彰显在我们的行为举止上，通过我们的言语得到表现。

现在，书籍变得廉价，几乎每位年轻人都可以拥有。因此，每位年轻人都该拥有一个属于自己的图书馆。因为很多好的书籍只有把它们放在书架上，我们才会去阅读，只要我们有空闲时间就能随手翻翻。想象一下那些热爱诗歌的人到流动图书馆找莎士比亚或是丁尼生的作品时，内心该是多么激动。

"没有比浮夸或是不讲究目标的阅读更加弱化学生的心

智了。现在很多的杂志、评论或是报纸林林总总，很多内容只是为了取悦眼球，根本不需要学生们去铭记。在你花了几个小时阅读后，会感到非常迷惑，脑海里全是一片朦胧的画面与印象，这必然弱化我们的记忆力。当你将自己不需要的东西填充到记忆里，就会削弱记忆的能力，失去对知识的把握力。

"在阅读时，你应随时把笔放在你身边，这样做并不单纯是做记号，而是让你的大脑减轻记忆的负担。你是否注意到这点，在你阅读时，心灵处于一种全速运动的状态，会对思想造成冲击——那些值得记忆的内容就很容易被分散，要是不记录下来的话，就很容易被遗忘。智者注重自己学到什么，更注重在这个过程中以最简单的方法去做。要是学生养成这样的习惯，这将对他们产生积极的作用。"

吉本每次阅读一本书后，习惯一个人独自漫步，思考作者给自己带来了什么新的知识。

"给你最大帮助的书籍，就是让你思考最多的书。"西奥多·帕克说，"一本来自著名思想家的杰出著作，就像一艘装满思想的运货船，里面都是思想的美感。"

"无论什么时候，手上总要有一本好书。"特里安·爱德华兹说，"无论是在客厅、桌子或是家庭里——一本浓缩着思想与至理名言的书，将给你的心灵带来富于价值的教益，教会你的孩子真理与责任。这样的一本书就是你的家庭真正的首饰盒。"

麦考利在痛苦之际曾说："我之所以还没有完全崩溃，要归功于文学作品。我这样热爱文学作品，这真是我的一种福气——我可以与逝去的人交谈，活在一个完全不同的世界里。"

若没有书籍，世界是缄默的，正义还在沉睡，自然科学会停滞不前，哲学是蹩脚的，信件是乏味的，所有的事物都会处于暗无天日的状态。

——巴托兰

可以的话，每个人都要让自己的家多几套好书，为自己与家人建立一个图书馆。其他所有的奢侈的行为都必须为此做出牺牲。

——坎宁

记住！要是我们不能慷慨为人，

即便是对待一本书，

总是算计着利益的话，

想着阅读能带给我们什么，这意义不大。

只有当我们完全忘记了自我，

全身心地投入到一本书的深奥与宽广的世界里，

找寻其中的美感与真理，

我们才能从一本书中汲取养分。

——布朗宁夫人

第十章

『我只做了一件事。』

Success

专注于一个目标才能成功。
那些在世界上留下痕迹的人，
无一不是专注于目标的人。

双眼直视前方，不要时而向左，时而向右。

——格言

我始终追随着北极星，

牢牢盯住星光，内心感到沉静，

茫茫的苍穹没有比它更好的伙伴了。

——莎士比亚

今天想要这个，明天想要那个，不断改变自己的喜好，总是在那里盼望着，却不动手去做——容易摇摆的人是很难有所作为的。

——勒·伊斯特兰奇

站住脚跟，不要动摇。

——富兰克林

拥有专注的能力就是最宝贵的习惯。

——罗伯特·霍尔

宁愿为了一个高尚的目标去冒着遭遇海难的危险，也不要在浅水滩里毫无目标地左右摇晃。

——塞奇威克夫人

阿加西教授曾收到去缅因州波特兰演说的邀请，但他回复说很抱歉，因为他专心于研究，根本没时间想着去赚钱。

"我实在太忙了，根本没有时间去染上那些让人失去健康或是金钱的习惯，"卡耐基说，"这在很多方面都帮了我的大忙。"

成功之人都是只有一个目标的。他专注于自己的工作，牢牢地坚持下去，制订计划，然后如实地加以执行，直到实现这个目标。每当他遇到某个困难或是障碍时，不会左右摇摆，因为他知道自己没有退路，必须要勇往直前。

那些向着自己目标勇敢前进，斩断自己的退路，不惧困难，克服重重万难，将所有的障碍都变成垫脚石的人，是多么令人敬佩啊！

第十章 「我只做了一件事。」

当今时代，这个世界所希望的年轻人就是如格兰特那样"遇到敌人能立即行动的人"，"要是能击败敌人的话，即便耗上一个夏天也在所不惜"。那些能专注一个不可动摇的目标的人，心中始终有一个难以撼动的方向，全身心地投入进去，不计较个人的名声或是利益，最后可能取得让人瞩目的成就。而生活中的失败者而往往是毫无目标、随波逐流、三心二意与半途而废的人，他们的人生没有任何目标性可言，他们的行动缺乏一致性，他们没有给自己的人生设置一个方向或是赋予目标任何意义。一个内心拥有不可撼动目标的人必然能让我们感到兴奋，因为他不需要依靠别人，远离了低俗与卑微的东西——这些生活中饱受诅咒的事物。这样的人所做的每件事都具有一种道德的庄严感，因为他做什么事情都有一个目标，有一个方向，所以他做的事情就拥有意义，能够感染到身边的每个人。

"伟大的人心中都有一个目标，而其他人的心中则只有愿望而已。"这句话说的实在是太对了。"那些最为成功的人都是那些专注于一个目标，然后持之以恒地去追求的人。"

拥有自己想法，并且秉持一个不可动摇目标的人，通常来说都是属于少数人——很多时候只有他们才相信自己能够成功。但是大自然在这些游戏里是最公正的，只有最强者才能生存。

穆罕默德所秉持的伟大目标不是别人的嘲笑、世人的阻碍、贫穷或是耻辱的失败能够动摇的。正是因为心中有了这样一个难以撼动的目标，他才能沿着目标稳步地前进，从不懈怠，从不放弃。在这片充满机遇、文化与自由的土地上，这对很多年轻人是一种多么大的鼓励啊！

俾斯麦曾立下大志，一定要让德意志从奥地利的压迫中解放出来，然后与德意志北部的普鲁士进行合并，让思想、宗教、文化与利益都与原先的普鲁士趋于一致。"为了实现这个目标，"他曾在一次谈话中提到，"我不惧千辛万苦——即便是遭遇流放，被送上绞架台，我也在所不惜。要是套在我脖子上的绳索能够让全新的德意志牢牢处在普鲁士的统治之下，那我宁愿死去。"

德国的统一大业，一直是他心头所牵挂的事情。多少年来，议会不知多少次反对过他提出的建议，但这又有什么关系呢？他每次都重新振作起来，与议会作斗争。他相信自己能够完成统一大业。让德国成为欧洲最强大的国家，让普鲁士的威廉国王成为比拿破仑与亚历山大更有权势的统治者，这是他的愿望。无论前方有什么阻挡着他，无论是国民、议会、其他国家的反对，这些都无关紧要，这些东西必须要臣服于他伟大的目标。

想象一下当英国人突然发现德斯莱利突然从一位名不见经传的犹太人，成为财政部长时惊讶的表情吧。他曾经饱受别人言语上的嘲讽，却毫不在意。即便是那些最恶毒的谩骂，他都一笑置之。他能够在格拉斯通失去自控的时候依然神色自若。当他站在这个世界上，就是自己最大的主人。

你能看到德斯莱利在年轻时就有了一番要闯荡世界的雄心壮志。他能以坚毅的脸庞去应对这个世界的风雨。他是一位性情乐观的人，面容俊秀，骨子里流淌着犹太人的血液，经过了议会选举的三次失败，依然没有丝毫的退缩，因为他坚信自己肯定会成功的。当首相墨尔本爵士问他以后想做什么的时候，他语气坚定地说："英国首相。"

要是我们到一间为航海制造指南针的工厂里参观一下，就会发现很多指针在被磁化之前，都是随意地指着各个方向。而一旦这些指针被磁化后，就拥有了某种特殊的能量，从那时起，这些指针就会牢牢地指向北方，忠于自己的方向。

全身心投入到一个目标的人，肯定能有所成就。如果他有一定能力与常识的话，他的成功则会让人瞩目。

塞拉斯·W. 菲尔德曾说："在大西洋海底铺设电缆经过了漫长艰苦的努力——花费了大约13年连续的观察与不

间断的努力。很多时候，我的心都彻底失望了。有时候，我甚至责备自己为什么要那么傻，放弃自己舒适的生活去实现这样一个在别人看起来不可能的梦想。我看到当初很多跟自己一道打拼的兄弟都放弃了，我真的很害怕自己也会走上那样的道路。我经常祈祷，这条电缆千万要在我死前铺成。幸好，这个祈祷灵验了。"

"我们只是专注于自己的工作，除此之外，什么都不做。"德尼莫尼科年老时说，"你不会听到有人说我们去做关于交通方面或是制造马车之类的事情。我们从未想过要涉足戏剧行业，而是让别人去做这些事情。除了自己的本职工作，我们没有其他方面的工作——我们不会在原油、土地、期权或是股票等方面进行投机。当我们赚到钱，就投入到房子上。我们关注自己的工作，那样工作才会关心我们。我们关心手头上所做的每件事。"

范德比特曾为他的厨师开了年薪高达一万美金的薪酬，因为这位厨师懂得如何将厨艺发挥到极致。一位著名的幽默家曾有趣地说："要是索斯格拉威先生的厨艺还可以，并且还能记账，也对电报有所了解，或是对其他事情也都一知半解的话，那么他的年薪是不会达到1万美金的。"

在长达3年多的时间里，人们都没有听到关于利文斯通的消息，就猜测他可能迷失在非洲的丛林里，或是已经惨遭死亡的厄运。如果他还活着，那他也是在某个不为世人所知的地方，或是在我们地图上某个依然空白的地方。文明世界里的新闻报纸与牧师们都在找寻一个援救队伍去找寻这位伟大的探险者与传教士。

"速到巴黎，有重要事。"这是詹姆斯·戈登·贝尼特发给一份身在马德里的年轻人的电报，这位年轻人是《纽约先锋报》驻马德里的记者。很快，这位随时准备好的年轻人就已经出发了。到达巴黎后，他来到本内特身边，虽然那时已是晚上，他说自己已经做好一切准备去做任何事情。

"你认为利文斯通到哪里去了？"

"先生，说真的，我不知道。"

"嗯，我想他还活着。我觉得他现在可能需要我们的帮助，所以你要去找寻他。你和他需要任何东西都没问题。你可以出发，但是要找到利文斯通。这里有 1000 美元的支票，你之后还会得到更多的金钱，但要找到他。"

这位叫约翰·罗兰斯的年轻人，从此踏上了历史上最为伟大的寻找之旅。

他的这场探险找寻的故事，充满了抗争，充满了疾病，甚至跟他一起出发的很多人都因此死去了，但他克服困难的决心是不可动摇的。这个故事在今天看来仍颇具浪漫色彩。

在历经了一系列挫折后，他在日记上写道："任何活着的人都不能阻挡我，只有死亡才能让我停下脚步。但是死亡——即便是死亡，我也不会因此而死去。我不会死去的，我也不能死。内心有某种声音在告诉我，一定要找到他。"

最后，他找到了利文斯通。利文斯通大声惊呼："感谢上帝，我可以见到你了。"

这位伟大的探险者说："我很幸运还能活着欢迎你。"

虽然约翰历经了千辛万苦找到了利文斯通，与他进行了长时间的交谈，但利文斯通表示自己还是愿意留在非洲，继续自己的工作。

约翰留给利文斯通大约可以持续四年的补给用品，他带回了自己的信件与日记，马上回去向本内特报道了这个激动人心的故事。后来，利文斯通死去了，约翰是少数扶灵者之一，将他的棺材葬在威斯特敏特大教堂。

心中没有坚定目标或是果敢精神的人是不可能成功的。不可动摇的信念才能让我们实现目标。

"为一个固定的目标不懈奋斗。"这就是富于意义的人生的法则。正是遵循这样的法则，特恩纳成为了一名杰出的画家，本特利成为了著名的学者，麦考利成为了著名的历史学家，格兰特成为了战无不胜的将军，林肯成为了著名的政治家。

布克顿深信一点，即要是一个年轻人能够有一个不可动摇的目标并牢牢坚持的话，就一定能够实现心中所愿。

"积累财富并没有什么秘密可言，"范德比特说，"你要做的，只是专注于自己的工作，不断前行。除了一点，那就是在你完成一件事之前，最好不要跟别人说。"

从某种意义上说，最为成功的人都是那些目标专一的人。

"要想获得成功与名声，你就必须要专注于某一方面，"海耶斯总统说，"你不能在每个场合或是别人介绍你的时候都发表一篇演说。你必须要将精力集中在某个方面。做一名专家吧。学习法律的相关知识，然后专注于这方面的研究。为什么不去学习一下关税方面的知识呢？要想在某一方面成为专家需要多年的积累与学习，但这能为你带来广阔的学习天地与获取名声的途径。"

威廉·麦克金利正是听到海耶斯总统的这些话，开始决定学习关税方面的知识，很快他就成为这方面的权威了。

当《麦克金利关税法案》在国会通过时，这绝对是他议员生涯最辉煌的时刻。

找寻社会所稀缺的东西，找寻一些能够赢得利润或是荣耀的肥沃土壤或是商界某些尚未研究的领域，去努力开发这些处女地，然后一心一意地耕耘。

"当今世界最会赚钱的人是谁呢？"罗伯特·沃特斯

说，"到底是谁控制着全世界大部分的资产呢？"答案是犹太人——这个曾经被鄙视、迫害、压迫与虐待的民族，现在成为了世界的主宰。他们是怎么成为最会赚钱的民族呢？他们是怎么培养这种能力的呢？众所周知，犹太民族在过去很多个世纪在欧洲被禁止成为市民或是臣民，不准拥有土地，不准去耕田，不准拥有武器，也不能像他们的邻居或是其他同胞那样参与国家事务。这样造成了什么结果呢？他们被迫要从商，进行买卖的生意，进行货币兑换，以各种手段去积累财富。他们成为信贷机制、兑换票据与商业记账等方法的发明者。

"因此，犹太人不能从事其他行业这一事实逼迫他们全身心投入到赚钱的努力中，慢慢地培养了他们在获取财富方面的天赋。他们成为了赚取财富方面的赢家。他们在其他人只能赚几千美元的地方赚取数百万美元，他们能在其他人挨饿的地方成为富人，衣食无忧。简而言之，他们是这个以赚钱为中心的世界里最伟大的资本家。"

只有那些目标专注之人才能获胜。

拿破仑曾这样评价自己："一旦我下定决心，那么所有的障碍对我来说都已经不存在了，我肯定要成功地实现我的目标。"

"他的行为有一种目标性，而且他对目标的理解是那么深刻，"艾默生曾这样评价拿破仑，"他能看到事情的关键点在哪里，然后全身心地投入到解决这个关键点的问题上，忽视其他次要的部分。"

"拿破仑知道自己要做什么。他是一个每时每刻都知道自己该做什么事情的人。无论是对国王或是普通的公民来说，拥有这种能力都是一种巨大的恩赐，让我们的精神时刻保持良好的状态。真正知道自己接下来要做什么事情的人是非常少的，很多人都是为了吃饱饭，漫无目的消磨着日子，等待着机会的到来，希望某种冲动能一下子将自己的梦想都付诸实现。"

看看那艘没有水手掌舵的船，桅杆上的风帆任由大风与浪潮鼓动，随波逐流。这样的船只是永远都不可能驶向安全的港口的。缺乏目标的人也像是没有人掌舵的帆船，只要微风轻轻一吹，他就会偏向某个位置，随着海浪漫无目的地飘摇。但看看那艘有水手掌舵的帆船，迎着风势，把握航向，最后安全地抵达港口。即便是无情的大海也要向他们的智慧屈服，而水手们最后则安然无恙地归来。

"一个没有目标的人根本不是一个真正的男人。"卡莱尔说。

堂吉诃德要是脑海里没有各种骑士的想法，他应该可以制造出美丽的鸟笼与牙签。

"一个受伤的天使。"查尔斯·兰姆曾这样对死去的柯勒律治哀婉地评价道。柯勒律治是英国文学画廊上最让人感到悲伤的人物，但他其实缺乏的就是专注的能力。

切斯菲尔德爵士的儿子在小时候就能以三种不同的语言写下一个主题诗，即便有这样的天赋，还有他父亲的努力培养，他最后也还是一个平庸之人，因为他没有明确的目标。

我们将时间浪费在很多事情上，看了太多毫无价值的书，拜访了太多无法学到东西的人，说了太多无聊的话。

"心灵的善变"是很多人失败的原因。这个世界上很多不成功的人都是那些用一个空桶放进一个没有水的井里想要打水的人。

约翰·霍普金斯从他开始工作的时候，就说自己从上帝那里得到了使命，就是要扩大自己商店经营的规模。很多人都去找他借钱，都被他一一拒绝，所以这些人说他是"吝啬鬼"、"一毛不拔之人"、"卑鄙"，还给他起了很多不雅的绰号。但是，霍普金斯并没有因这些人的指责而改变，因为他所累积的财富相比于其他的人，还有更大的用处。他将自己的四百万财富捐给巴尔的摩建造医院，300万美元捐给巴尔的摩附近的约翰·霍普金斯大学，他将高达900万美元的财富全部捐给了这些机构。那些不幸生病的人就可以到医院就诊了，即便是没有金钱，也能得到妥善的治疗，而那些没有接受教育的年轻人则可以到大学里得到帮助。想象一下有多少人因为霍普金斯在人生早年立下宏大的目标而受益。

每个人都需要一个伟大的目标去让自己从日常生活中的琐碎状态中提升出来。一些伟大的目标充满了英雄主义的情愫与高尚的情操。一旦想起这些目标，我们血液流通的速度就会加快，心灵会燃起熊熊烈火，让我们感觉到生命的尊严与重要性——这是取得伟大成就所必须具备的一种精神状态。

一些作家举出皮特·库珀这个生于富贵之家的人来做例子，说明出生富裕之家的人也能取得成功。库珀所走的路其实是每个年轻人都可以尝试的，那就是最大限度地挖掘自身的潜能。库珀成功的秘密在于他有一个专注的目标，从不左右摇摆，而是一直沿着目标的方向前进，直到实现了这个目标。所以他的成功有赖于一点——有一个伟大的目标，并牢牢坚持。

沃尔特·斯科特在实现目标的时候，总是不遗余力，并不感觉工作是一件让人感到负累的事情。他总是避免与那些会浪费他时间、分散他注意力的人做朋友。为了实现目标，他保持自制，远离了很多娱乐活动，晚上按时睡觉，保证第二天有足够的时间去学习。他在有限的时间里通过双倍的努力，让人生的效率得到了翻倍。

一名能力平平但全身心投入到一种不可动摇目标的人，要比那些虽有天赋但到处分散注意力的人取得更大的成就。

在学校里，贫穷学生通常要在现实生活中比那些出生官二代或是习惯于争论的人更加优秀，原因很简单，他们将自己的注意力集中在一个明确的目标上，而其他人则不屑于只专注于一个目标，到处撒网，觉得自己能力出众，最后却是无所作为。专注是我们得以爆发的一个重要因素。事实上，无论在什么领域，专注都是取得成功最重要的法则。

明确的目标就像是加农炮或是步枪的枪管，给炮弹一个明确的方向与目标。要是没有强大的反冲力，那么火力根本没有足够的能量去推动炮弹。不知有多少原本可以成功的人成为失败者，不知有多少"侏儒"可以成为"巨人"，不知多少有音乐天赋的人最终没有创造出一首乐曲，不知有多少人泛泛涉猎，无一精通，这一切都是因为他们缺乏一个明确的目标。

心灵是一个天然的游荡者，要是缺乏一个明确的方向，就会到处乱晃。伟大的目标让人无法阻挡。正是伟大的目标让格兰特战无不胜，让他在前线面对南方盟军的炮火无

第十章 『我只做了一件事。』

所畏惧，在遭受后方的批评与反对时，岿然不动，最终在阿波马托克斯接受了李将军投降的剑。

正是伟大的目标让我们将生活中的零碎时间利用起来，为自己的理想而奋斗。要是缺乏这个目标的话，我们就会变得消沉，失去方向。

在今天这个时代，要想取得成功，你就必须要将心灵的能量专注于一个明确的目标，拥有一种破釜沉舟的气概：前方不是胜利，就是死亡。那么，你就会抵制住所有让你远离目标的诱惑。

你的目标可能在一开始不是那么明确，就像河水一开始流经毫无波澜的小湖或是小溪。如果你目标的方向是正确的话，那么这些河水最终会汇聚在一起，数百条小河的水最终汇成不可阻挡的洪流，流向成功的大海。伟大的目标是有吸引力的，就像一块磁铁，吸引着你不断向前奋进。

不可撼动的意志，

迫使人专注于目标，

让原先看似冷漠的空气奏出人性的音乐。

第十一章

『我有一个朋友。』

Success

任何让你腐败的人，都不是你的朋友。

阿尔卑斯山脉的冰层下，深红色的蔷薇在轻柔呼吸着。
即便在人生的荒漠中，依然能找到甜美的清泉，
友谊的花朵在那里盛开。

——霍姆斯

握着老朋友的手，感觉多么快乐啊！

——朗费罗

一位忠诚的朋友就是上帝真实的写真。

——拿破仑

没有比拥有一位知己更能带给人生更多的祝福了。

——欧里皮德斯

我们就像变色龙一样，会从别人身上那里吸收很多颜色。

——尚福

在与朋友交往时，我们更容易学会他们的恶习。

——狄德罗特

与智者为伍，增添智慧，与愚者为伍，徒增愚痴。

——格言

朋友是彼此的镜子，应该比水晶更要清澈，如高山上的清泉远离所有的阴翳、心机与奉承。

——凯瑟琳·菲利普斯

在财富、荣耀甚至健康之外，我们与别人心灵的高尚纽带是极为重要的。因为与那些善良、慷慨与真诚的人为伍，就会让我们在某种程度上变成善良、慷慨与真诚的人。

——阿诺德博士

你的那些经过考验的朋友，会让你们的心紧紧地拴在一起。

——莎士比亚

"孩子们！今天是我重要的一天，"出生在英国一个虔诚家庭里的杀人犯在加拿大多伦多的绞架台上庄重地说，"我希望自己的下场能够让你们知道损友会造成多么严重的后果。我希望自己走过的路能让所有人都明白一点，无论是年轻人还是年老人，富人还是穷人，你们都不能结交损友。正是认识了那些朋友让我落得今天这样的下场。要是没有他们，我是不会成为杀人犯的。"

在执行死刑前，一般都会让犯人说几句临别的肺腑之言。几乎每当这时候，我们就能听到这些不幸与罪恶满盈的人痛陈损友的害处。正是结交的损友让他们走向了犯罪之路，走上了今天这样的下场。

乔治·埃利奥特曾说，任何人做错一件事，所遭受的惩罚都不应该让他一个人来承担。每个人的生活都受到别人一定的影响，正如我们每时每刻呼吸空气。邪恶就像是疾病会迅速蔓延。

有一个关于两只鹦鹉的故事。这两只鹦鹉离得很近，其中一只鹦鹉被人教会唱赞歌，另一只鹦鹉则只会诅咒人。第二只鹦鹉的主人希望能让这只鹦鹉向第一只鹦鹉学习，希望它能有所改变，但是接下来的结果却是事与愿违，第一只鹦鹉也学会了诅咒别人。

任何会让你腐败的人都不是你的朋友。一位动机不纯的人是所有人的敌人，更是你的致命死敌。更糟糕的是，要是他将抹着毒药的匕首包裹上友谊的外衣，那就更加危险了。因此，要仔细选择朋友，仔细辨别与筛选，像大浪淘沙那样找寻其中的金子，放弃那些渣滓。

查尔斯·詹姆斯·福克斯从小在家养成了许多不良的习惯，但他在与埃德蒙德·布尔克交往时，这些缺点都得到了改正。他曾公开说，要是让他将从书本上学到的知识放在天平秤上的一边，而将布尔克教给他的知识放在另一边，他将不知道该选择哪一端。要是西塞罗没有遇到阿提科斯，或是色诺芬没有遇到苏格拉底，那会怎么样呢？

不良的品质就像疾病，具有传染性。心灵与身体一样都容易受其感染。

在封闭的卧室里睡了几个小时，我们不会察觉到空气中弥漫着有毒的气体，但那些早上刚进来这个房间的人就会立即感觉到。血液里溶解了苯酚会对人产生一种麻醉的作用，减弱神经的敏感度，让大脑处于混沌状态。

与损友为伍会不知不觉地让年轻人麻醉，不知道自己身处在有害的气氛之中，直到他们无法抵抗这种侵袭。要是人们习惯了阴沟发出的臭味，就不会在意，但是他们的血液却是在遭受慢性的毒害。年轻人通常习惯于损友带给我们道德上的"沼气"，却没有意识到他们的心灵已经遭受损害。当他们发现时，品格已经遭受了重创。

两个分子结合，可以形成一种全新的物质，这种全新的物质具有它们之前都不具备的功能。所以，两个人交友会在毫不知觉中慢慢染上了对方的脾性。每个人的思想都是单一的元素，而一旦两种元素碰撞，就容易形成火花。燧石与钢材在分开的时候是不可能生火的，一旦让它们相互摩擦，就会产生火花。同样，一个人的想法可能会触动另一个人从没想到过的念头。

"人生主要稀缺的东西，"艾默生说，"就是没有那样一个人让我们去做我们能做的事情。这就是一个朋友的好处。与这些朋友在一起的时候，我们可以毫不费力地变得伟大，与他们在一起，我们好像受到了某种神性的吸引，似乎美德就在我们身上。这样的朋友会敞开我们的人生之门！我们会问他很多问题，会得到很多感悟！这才是真正的朋友的含义。"

卡拉伦登爵士曾说："在择友时不选择那些胜于自己的人，是很难有所成就的。没有比认为一个人能够隐藏自己的行为更加愚蠢的想法了，因为每个人的行为不仅是通过言语来表现的，还有更多的途径可以彰显出来。"

毕达哥拉斯在谈择友时说，一定要看这人与什么人交朋友，然后再评估自己是否可以从这些人身上学到东西。很多时候，短暂的相识会带给人一生的伤害。一勺子的高锰酸盐就足以让一百加仑的水都为之变色。与损友交往超过一个星期，就足以对你的整个人生造成伤害。

虽然约翰·斯特林已经去世了，但他的很多朋友都时常谈起他，说只要和他在一起，就必然会受他那高尚品格的感染，自己肯定能得到提升，为更高的目标去努力。海登在听到韩德尔的音乐后决定成为一名音乐家；戈麦斯在看到马里洛的画作后决定成为一名画家。所以，从这些良师诤友带给我们的鼓励来看，我们的心灵在与这些人的交往中，走向快乐与幸福。

萨利斯伯里的汉密尔顿主教曾谈到格拉斯通给自己带来的积极的影响。他说："我是一位很懒惰的学生，但在认识格拉斯通后，我的人生发生了改变。当我们上牛津大学的时候，很多人都谈到格拉斯通所竖立的榜样是那么有影响力。"

与良友为伴，有助于我们摒弃不良的习惯，改变原先贫瘠与卑鄙的思想。一个与睿智与真诚的朋友为伴的人，能够将诚实与正直融入自己的品格中，努力追求生活的理想，让自己的思想与行动都融入到这种追求之中。而与一位比自己优秀的人为友则能拓展我们的视野与对事物的理解。

从作品可以看出一位作家的水平，从一位女儿可以看出她母亲的水平，从他人的言语可以看出他是否为傻瓜，从一个人所拥有的朋友可看出他的为人。

"你的人生秘诀是什么？"布朗宁夫人这样问查尔斯·金斯利。"告诉我吧，这样我也能让人生变得更加美好。"金斯利回答说："我有一个朋友。"

在芝加哥伊斯塔布鲁克的格拉纳为格兰特将军举办的宴会上，约翰·A. 罗林斯将军对格兰特将军读了一封信。据说，这封信是在维克斯堡被围困的时候写的，之前从未公开过，也几乎没人知道这封信的存在。据克利夫兰的《简明画报》报道，这封信现在为格拉纳的一名市民所有。这封信的日期是"1863 年 6 月 6 日，凌晨 1 点；地点是维克斯堡"。这封信的内容是这样的：

"军队能否取得胜利，这一直是我最关心的问题。正是这个问题让我斗胆给您写这封信，我希望以后都不要再给您写这样的信了。这是关于你喝酒的问题。这可能让你感到惊讶。我这样说也许没有什么实际依据，其实我更希望自己的想法是错误的，因为这对我们的国家来说是一件幸事。我也不想冒犯您这样一位朋友。

虽然你已经跟我说以后不喝酒了，但几天前，我听夏尔曼将军说你的帐篷里依然有酒瓶。而在今天，我在你的帐篷里看到了酒瓶，我就想拿走这瓶酒，但是武官禁止我那样做，说你在攻陷维克斯堡前一直要这样喝酒。你当然可以跟你的朋友畅饮，但就在今晚，你因为患病而躺在床上，我发现旁边的酒瓶又是空的。那些与你为友的人总是想和你喝酒，并希望你也这样。你最近不像以前那么灵敏，决定没有以前那么果断，说话也没有以前那么清晰，证明我的猜想没有错。

你能完全控制自己的欲望，也可以控制自己不去喝酒。你在今年 3 月份的时候不是向我保证过在作战期间不再喝酒的吗？要是这样的话，你就不可能成为世界上最成功的将军。你唯一的救赎就是严格遵守你的诺言，否则你是不可能取得成功的。

正如我之前所说的，我的猜想可能是错的。要是我们看到一名哨兵在站岗时打盹了，正是他的责任感让他强打精神；要是敌人害怕将军的进攻，那时因为将军从不后退一步，因为知道这样做会给你蒙羞。要是您不能保持最佳的状态，那么勇敢之人的朋友、妻子儿女都将会责备您不尽职，对你的所作所为感到强烈不满。

如果是我猜错的话，让我对您的友谊及对国家的热爱成为这封信的借口吧。要是我说的都是真实的话，并且你决意不去理会我的忠告与祈祷，不放弃酒精的话，那就请你立即将我解职吧。"

也许，这封信所阐述的内容过分夸大了，即便是格兰特需要注意，我想他也已经注意到了。因为世界上没有哪位将军比格兰特在作战的时候更加清醒。

苏格拉底在雅典为自己建造了一间小屋，有人问他为什么像你这样如此有名气的人却住在这么狭小的地方，为什么不住在与你身份相符的地方呢？苏格拉底回答说，要是这么狭小的房间里能够挤满真正的朋友，那这也足够了。

每个人的品格都或多或少受到他所遇到的其他人的影响，每个人都可以说——正如那位著名的诗人所说的"我是所遇到的人的影子"。即便是那些卑鄙之人在遇到内心高尚的人也会感到那股高尚的情感。在那些内心纯净与情操高尚的人面前，他们不会有卑鄙的想法或是行为。他们似乎从原先低俗的层面上升到了更高的境界。因为，他们已经被善意所感化。他们开始远离原先让人压抑的"气体"，远离猪朋狗友们的道德毒害，走向纯真与美好的境界。任何与菲利普斯·布鲁克斯交往的人，都自然会变得比原先更好。即便是行为最为粗野的人也会变得温顺起来，最坚硬的心也会被感化，因为他们身处在这样美好的氛围下。倘若我们分析一下菲利普斯·布鲁克斯家的仆人，就会发现菲利普斯·布鲁克斯的痕迹已经印在他们每个人的身上，融进了他们的品格之中，让我们仿佛看到上帝的影子在他们身上闪现。布鲁克斯的伟大人生具有一种神奇的力量，能够影响那些哪怕是性情最为顽固的人。

在墓地里，一位小女孩的墓碑上刻着这样几个白字："她的同伴们曾这样评价她：'和她在一起的时候，我们很容易变成一个好人。'"——这是我看到过的最美好的墓志铭。

友情能在北方清冷的山丘上绽放，也能在南方气候宜人的山谷里盛开。它会让我们温暖的心灵感受到阳光，让善良的灵魂得到雨露的滋润。在真正的友情里，你会发现无论是遭遇暴风雨或是风平浪静，无论是黑夜里痛苦的呻吟或是在早上感受到阳光的喜乐，你都能发觉这份友情未曾离你远去。

啊！一个朋友能给我们带来多么难以言喻的满足感，

让我们觉得多么安心啊！我们之间可以畅所欲言，无论是成熟的想法或是幼稚的念头，都可以说出来，因为我们知道在彼此的交谈中，自然会有一个扬弃的过程。最后，我们会得到富于价值的想法，呼吸着善意的空气，将其他不良的东西全部抛弃。

在人生里，友情占据重要的位置。在这个世界复杂纷扰的表象下，友情是永恒的。正是这样的友情让人生富于价值，充满热情，让我们对生活充满信心，充满愉悦与幸福。

亚伯拉罕·林肯年轻的时候，别人曾说他"一无所有，除了有一大堆朋友"。拥有众多的朋友，这就是一笔财富——当然，这必须是正派的朋友。

在汽船发明之前，从密西西比河流域乘船到俄亥俄州需要很长时间。每到晚上，船员就会用绳子将船系在一棵牢固的大树上，这样船只就不会在第二天飘到其他地方，这也是那句谚语"那个会拴住船只的人"的来源，当然，这是一句非常了不起的谚语。要知道，虽然我们认识很多人，但真正能把我们"拴住的人"是非常少的。一定要找寻那些能够靠得住的人做朋友。

麦康瑙希曾问一位在军队里做军医的朋友，为什么很多年轻人参军回来都得到了很大的提升，而其他人则似乎依然是混混沌沌。这位军医回答说，这取决于你与谁睡在一个营房。当你所交往的人都是内心邪恶、品格低下的话，那你也不可避免会跟着他们逐渐堕落，要想抵制这样的倾向，你需要坚强的品格与强大的目标。即便是那些没有接受过多少教育的士兵，要是能够感受到心灵的温暖，每天晚上围在篝火前歌唱赞歌，那么他们自然会提升自身的水平。

"总有这样的一些人，在与他们为伍时，我们感觉到必须要做到最好，"德鲁蒙德说，"与他们在一起，我们不会去想那些卑鄙的事情，也不会说些伤人的话语。他们的存在会不自觉地提升我们，让我们充满动力。我们最美好的性情都会在与他们交往的过程中得到显露，我们会感受到内心出现了之前从未有过的乐音。"

"没有一个人，"一位士兵说，"走进皮特的小屋，在走出来的时候，不会感觉到自己成为了一名更加勇敢的人。"

每个人的品质都可从他所结交的朋友那里得到彰显。诚然，我们所接受的大部分教育都让我们明白一点，身教胜于言传。

要是呼吸了不纯的空气，我们会患疾病，与损友结交，我们会染上恶习，变得不完美。宁愿染上黄热病或是天花，也不要与损友为伍。那些满怀好奇想要知道人性黑暗面的人，就好比那些手持着火炬的人，想要试试要是点燃了火药，看看是否会出现爆炸的情况。

"无论是水罐砸石头还是石头砸水罐，"西班牙的一句谚语说，"对水罐来说都是一种伤痛。"

"友善地对待所有人，"华盛顿说，"但要与少数人深交，直到他们赢得你的信任后，才放心去他们深交。"

"交友不宜甚广，"一位睿智的父亲对儿子说，"知己只要有一两个就够了。友善地对待所有人，尤其不要说别人的坏话。"

在我们所居住的地方，没有比感觉到身边都是陌生人或是缺乏共鸣的朋友更让人感到寂寞的了。不知有多少流浪在异乡，或是遭受失去亲人的痛苦之人，都会对朗费罗在《马加比的叛徒》一诗中所说内容感到共鸣：

唉！今天，我宁愿放弃所有东西，

只为见上朋友一面，听一下他的声音，

这会让我的心灵感到宽慰。

约翰逊曾对约书亚·雷诺德斯说："如果一个人在人生的道路上不去结交新的朋友，那么他很快会被落下，一个人应该时常去重温过去的友情。"

著名的自然哲学家迈克尔·法拉第年轻时，他在给朋友的一封信里这样写道："一个朋友只有在道德上是正确的，才可能是一个良友。我曾在社会底层里遇到真正的朋友，也曾在那些身处高位的人中发现让我鄙视的人。"

"人生的一大宽慰之事，"圣·安姆布罗斯说，"就是有一个能让你敞开心扉可以诉说心事的人，可以告诉你秘密的人，彼此坦诚交流，让你感到阳光的温暖，即便在洒泪之时也感到喜乐。你可以轻松地说：'我完全属于你。'"

"注意身边的熟人，看看哪些人对你的错误保持沉默，看见你的缺点时依然安慰你，或是为你愚蠢的行为找借口，因为这些人不是懦夫就是奉承者。要是你觉得他们这些人是你的知己，那么就会让自己身处危险的境地，奉承者会在你遇到困难时弃你不顾。"

一个人最好的朋友通常要比那些与他有血缘关系的人还要亲近，
在你遭受挫折的时候，会赶过去帮助你。
记住这点，上帝的旨意就是让性情相近的人聚在一起，
互相帮助，共度患难。
是的，这种纽带非常强。
朋友比你的财富更加重要，在你需要的时候可以帮助你。
因为，这是上帝指定的道路，也是人们的选择。
也有一种层次稍低的关系，未能全面地展现友情的意义，
后者只能彰显更多表面的东西，前者则能更加深刻。
即便在疏远或是漠视的情况下，这种关系依然存在，
在你失败的时候，他们会不见踪影，

虽然之前有很多承诺与誓言。

朋友来去匆匆，一时性起，即为朋友，一时沉静，形同路人。

但千万不要让任何事情切断这种纽带，因为命运已经打上了结。

——M. F. 图普

要是允许我给年轻人一些建议的话，我会对他们说，不断结交优秀的朋友。无论是从书籍或是生活中，我们都能得到很多好朋友。学会正确地评价别人，生活的一大乐趣源于此。记住伟人所敬仰的人物，他们都有一个伟大的目标。目光短浅的人只会崇拜一些低俗的东西。

——W. M. 塔克勒

友情！灵魂中神秘的黏合剂，

是生活美妙的东西，让彼此更加紧密。

我欠你太多！

——布莱尔

空有朋友，无一知己，

树敌一人，终生噩梦。

——阿里·本·阿布·塔勒布

第十一章 『我有一个朋友。』

Success 理 第十二章
想

没有比时刻按照远大的理想去努力，不断超越自己，

更能锻炼我们的心智，更能增强我们的品格与拓展我们的思想了。

安于现状的人很难有机会实现自己的梦想。因为他已经放弃了努力，等待着死亡了，坟墓上的草丛已经开始将他遮盖了。

——博维

自认为伟大之人，心中对伟大的标准必然是非常低的。

——哈兹里特

有些人对自己感到满意，整天坐在那里，什么都不想干；有些人不安于现状，他们才是这个世界真正的推动者。

——W. S. 兰多尔

要是一个人除了睡觉与吃饭，

没有其他追求，那他是什么样的人呢？

仅仅是一只野兽而已。

——莎士比亚

以伟大的思想让自己成熟起来，相信英雄主义能够让你成为英雄。

——德斯莱利

要是目标纯洁，不畏艰险，那我们的人生肯定也能更为纯粹与强大。

——欧文·梅里迪斯

我们所渴望的，只有伟大。

——让·英格罗

失败并不可怕，目标过低，才是一种犯罪！

——罗威尔

"已故的贺拉斯·梅纳德当初在进入阿姆赫斯特学院就读不久，就在自己房间的门口贴上一个大写的'V'字母，很多学生都嘲笑他这样的做法，但是他对这些人的做法置之不理，而是坚持把这个大写字母放在那里。在四年后的毕业典礼上，梅纳德受邀发表告别演说。在接受了老师、同学的祝贺后，他希望他的同学能够注意到那个挂在房间门口处的大写字母'V'，然后问他们是否知道这个字母所代表的含义。很多同学在思考片刻后，一起回答说'肯定是代表 Valedictory（告别演说）'。他说：'是的，你们说得对。'很多同学问他在把这个字母贴在门口的时候，是否就想到了这一天呢。他回答说：'是的，我想过。'"

　　没有比坚持不懈去实现理想，不停地追求梦想，更能增强我们的心智，丰富我们的品格与拓展我们的思想了。

追求理想在很大程度上能够提升我们的心智，让我们感受到人生更为美好的东西。

我们的期盼就预示着我们的命运。生活不可能让年轻人所有的愿望都成真。这个世界让我们勒紧裤袋，唯恐我们不去工作。我们能够永恒，取决于我们的追求与欲望。

对于追求光明的年轻男女来说，总是有希望的。一个向上的理想就像树木对阳光有一种天然的倾向性，能够让它们克服重重障碍，不断向上成长，直到它们从茫茫的森林里探出头来，在明媚自由的空气里抬起骄傲的头颅。

艾利胡·布里特在跟他那些无知的同伴们说自己要去接受教育时，遭受了周围人的嘲笑。一个像他这样贫穷的少年，整天待在鞋匠店里工作，谈何接受教育呢？当时，他身上只有一本书，他将这本书放在帽子里。在这间肮脏的鞋匠店里，他根本没有接受教育的机会。他的雇主一开始反对他接受教育，认为这样做会影响他在鞋店里的工作，但他很快发现接受教育后的布里特因为学习到了更多知识，反而比之前提升了效率。

哈佛大学的皮博迪教授曾说，立下要成为一名有知识的人的信念，本身就算是接受了一半的教育。

要是加菲尔德只是坐在那里，空想着梦想成真的那一天的话，要是他一直保持这样的状态，他的一生都将是非常可悲的。但是他不断努力，刻苦学习，让自己的梦想成为现实，而不是等待着时运来帮助自己。当他想要到学校接受教育的时候，他会连续到森林里砍五十天的柴，只为赚取 50 美元。为了接受更高的教育，他曾做过打铃人与清道夫，为自己筹措学费。当他终于上了大学之后，他凭借着坚定的目标与常人难以想象的毅力去学习，仅仅在 3 年的时间就完成了很多人 6 年都未必能完成的学业。像加菲尔德这样的人能够做好任何事情。对他来说，当赶骡夫并不比当总统轻松一些，因为无论他做什么，都要让自己做到最好，取得一定的成绩。他是一位具有梦想与远大理想的人，凭借着不可动摇的意志，最终实现了这些梦想。

马格莱特·福勒说："我很早就认识到生活的目的在于成长。"歌德曾这样谈到席勒："如果我有两个星期没有见到他的话，就肯定会对他在这段时间里所取得的进步感到惊讶。"我们都知道人总是在不断地朝着更深、更广与更宽的方向发展。每当我们与这样的心灵交谈的时候，总能觉得自己的知识面得到了拓展，目标会变得更高一些，思想也更为深刻。这样的心灵是不可能停止成长的，它必定要不断地前进，从人的出生一直到死亡为止。

弥尔顿曾觉得，要是他想创作一首英雄的诗歌，那他就必须要让自己的人生成为一首英雄的诗歌。他说自己对知识的渴望是那么强烈，从他十二岁起就没有放弃过学习，每天都是学习到深夜才入睡。

一个身体瘦弱的年轻女子，如何凭借一己之力去创立一个遏制酗酒与恶习，并提升人类道德水准的机构呢？这一切都是因为威拉德女士拥有一个英雄般的目标。"我就像钟摆一样左右摇摆，这些年从没有出现过犹豫，也没有停下脚步。"在多个城镇与城市里，很多妇女联合起来，抵制销售酒精饮料，这其中的很大功劳都要归功于威拉德女士的不懈努力。大家都知道，为了实现这个目标，她放弃了舒适的生活，却从不放弃帮助那些深陷困境的人。虽然她身材瘦弱，但她坚持努力的力量是巨大的。

威拉德女士在《肖陶扩杂志》里就"如何成功"向女性说明自己的心得。她说："坚持你的特长，无论这是培育大头菜或是创作音乐，无论是绘画或是雕刻，研究政治经济或是处方料理等。要始终保持一个坚定的目标。"

"在我这一生中，一个伟大的目标是我最好的朋友——我的母亲教会我的'接受教育'"。威拉德女士高尚的理想让她的人生充满了色彩，对她或是像她那样的人来说，就好比是罗威尔所描述的世界——

在我们琐碎的烦忧与无聊之中，

深藏着我们的理想。

深深的盼望就像泥土，

在生活的大理石上渐渐成型。

让全新的生活进入了吧，

我们知道欲望必须要能自由进出。

也许，愿望也能如此，

帮助我们的心灵进入永恒。

盼望是上帝对天国全新的意愿，

而我们却在尘世里挣扎。

我们觉得，也许这样还好吧，

安于现有卑微的生活。

但是，要是我们能看见心灵的全貌，

就会发现我们错了。

生活必须从希望爬到另一个希望，

然后实现这个希望。

　　成千上万的男女都缺乏远大的理想，每天只是过一天算一天，被动地生活。

　　"据我的想法，"一位著名作家说，"女性的地位是根据她如何超越她所处的环境所决定的。任何环境都不能让一颗坚定与认真的心灵为之动摇。"

无论做什么，将你的理想融入进去，将一种美感与和谐感注入进去。你之所以对自己被迫要做的工作感到不满，是因为你以一种负累的精神去做。如果以一种艺术家的精神去做，明白在所有诚实的工作中都有一种美感，那么所有的负累都会被愉悦所代替。我们应该以这样的精神去工作，而不是单纯为了工作本身，这能让我们工作得更有尊严。

理想决定我们人生的品格。没有品格的理想对人来说是致命的。在这一点上，历史上没有例外。

一位客人去拜访著名音乐家莫扎特的儿子时说："我想你应该从钢琴或是小提琴上获得不少乐趣吧？""你怎么会有这样的想法呢？我不喜欢音乐。我是一名银行家，这才是属于我的'音乐'。"

对金钱的热爱可以将我们的本性暴露出来。这可能激发一个年轻人勤奋去工作，让他养成勤俭节约的习惯，注重培养自己的思想与谨慎的行事方式；而在他人身上则可能激发出相反的品格——让人不择手段地捞钱，变得卑鄙，视野变得狭隘，进行无止境的投机行为。对金钱的热爱——赚钱与花钱的方式——这是说明一个人品格最好的方式了。如果他拥有高尚、慷慨或是坚强的素质，他就会超脱金钱对他的控制，成为金钱的主人。如果他心地不善，为人吝啬、凭借欺骗的方式赚钱，那么就会成为金钱的奴隶。

有时候，人会在生活里感觉到一种颤抖或是恐惧，逼迫着我们去做一些富于意义的事情。正是在我们找寻这个被隐藏的冲动时，我们反而走向卓越。

没有比追求卓越之心更能让人免于自我消耗的了。一个高尚的理想能将我们从泥潭里拯救出来。正是对卓越的孜孜追求——只满足于最好的心态，才让我们的生活更富于价值。

不要这样教育年轻人：成功地获取财富与地位是获得幸福的唯一途径。

数百万聪明的年轻男女注定是要为他人服务的——无论是帮助病者、穷人、不幸之人或是无助之人——事实上，这些人可能没有机会去接受很好的教育或是成为非常富有的人。如果他们不按照世俗对成功的标准来衡量自己，就不会永远生活在怨叹之中。很多贫穷女人在病房里帮助病人或是做些卑微的服务，但事实上她们要比很多百万富翁都更加成功。

美国的很多仆人认为自己所处的社会地位是非常不幸的，都希望自己能够摆脱这样的职业。想象一下，很多美国年轻人都想远离的职业，却是英国很多年轻人想要追求的职业。很多英国年轻人的理想就是到私人家庭里当男管家。英国的仆人是一个感到知足、勤奋与自我尊敬的阶层。而美国这个国家的一大痼疾，就是追求财富的野心让每个出生在这片土地上的人都或多或少受到了感染。我们总是梦想着一个没有负累与羞耻的地方。这样的想法毒害着我们的思想，所以我们这里很少有很好的仆人，因为这些人的心思根本不在如何做好本职工作上。美国的年轻人要想如英国那样拥有那么高效的仆人，起码也要等上一个世纪。我们向西边拓荒的步伐越快，这种改变就会越为明显。

勇敢、富于英雄主义的高尚男女在生活中都是无所畏惧的，他们能够翻越困难的高山、贫穷的低谷与沮丧的泥沼，走上一条通往成功、美好与和谐的康庄大道，并最终实现这个梦想。

"理想刺激着人与命运作斗争，促使我们立下伟大目标，拥有更加充足的动力。"

在"国王"号上服役了一段时间后，纳尔逊对海军日常的规则变得很反感。在结束了对北极的探索及十八个月的印度征程后，他的身体走下坡路了，精神与野心在慢慢消退。但是，纳尔逊最终还是将自己拉回来了。他激昂地说："我一定要成为英雄，伟大国王与国民一定会敬佩我的。"从那时起，这个坚定的理想就一直存在他的灵魂之中，再也没有消退过。在尼罗河之战的前夜，他对属下军官说：“明天的这个时候，我要么获得贵族的称号，要么就被葬在威斯特敏特大教堂。”后来，他被赐封为男爵，一年的俸禄为两千英镑。虽然他在特拉法加战役里遭受致命伤，但他还是听到了最后一门炮火向敌人发射过去的响声。他临终前说：“感谢上帝！我已经履行职责了。”

精神上的追求要比肉体上的饥饿更加急迫。很多人之所以“饿死”，是因为被别人夺去了思想的“食物”——无法接触艺术、文学与历史等方面的知识。不知有多少人的审美情趣因为在成长期没有得到足够的滋养而枯萎。

富于理想的人在潜移默化中提升着这个世界，当然他们的雄心必须是积极的。做一个有理想的人是错误的吗？当然不是了。那些为了后代可以走上平坦道路而弯下腰铺平道路的人，难道是错误的吗？

理想主义者都是富于想象力，充满生机与活力的。他们能够看到未来的前景，从未丧失做梦的能力。他们是这个世界充满希望与快乐的源泉，浑身散发出正能量——他们所激发出来的能量足以点燃祭台上的木炭。

对理想主义者来说，实现“穿越大西洋带来的隔阻”，梦想之所以能成为现实，就是因为将自身的全部潜能都激发出来了。

掩埋一块鹅卵石，它就会遵循地心引力的作用，永远地埋在地下。埋下一粒橡树的种子，它就会遵循更高发展的定律，不断生长。在橡树种子里有一股超越于地心引力的能量。所有植物与动物都有一种不断向上的倾向。大自然对所有生物轻声絮语："向上看！"所以，人作为万物之灵，理应有一种朝向天宇的力量。

"理想与完美的人生一直萦绕着所有人的梦乡，"菲利普斯·布鲁克斯说，"我们总觉得内心有种东西在激发着我们前进。"

"强烈的欲望本身就能帮助我们将梦想转化成现实。我们所怀揣的愿望就说明我们有能力将这些事情做好。"

不要强迫自己去实现那些不可能完成的目标。你完全有能力去挖掘自己的潜能，但没必要让自己真的变成一国之君。很多人之所以感到失落，就是因为他们的目标超过了自身的实力，最终因为理想与现实之间的落差而感到失望。事实上，你可能相信自己有能力去做一个好人或是有作为的人，但这需要你建立在自我修养的夯实基础之上。

另一方面，不要将一些琐碎的东西当成你的目标，就好比俄国女皇安娜那样，召集了俄国所有的天才只为建造一座冬宫。

卡莱尔说："就在这个贫穷、悲惨与充满逆境的环境里，你坚定地站立着，这个地方就有你的理想。努力地将其实现吧，努力工作，相信自己，好好生活，获得自由。我想跟人们说句话：'理想就在你身上！'"

随着岁月的流逝，要让自己变得更有层次，更有广度与深度，克服人生沿途的困难，让自己获得更大的力量，让理想进驻自己的灵魂——让人生真正富于意义。

> 人生有一个神圣的负担，
> 正视它，抬起它，勇敢地背负起来。
> 挺直腰板，稳步走路。
> 不因悲伤而挫败，不因罪恶而停步，
> 勇往直前，直到实现了那个理想！
>
> ——弗朗西斯·安妮·堪布勒

> 哦！迟钝的灵魂！张开双眼吧，
> 不要沉湎于舒适的过去，
> 莫在欢乐的想象中浪费时日，
> 醒来，振翅高飞！
> 舒展你猎鹰般的翅膀，
> 你的翅膀已经紧闭太久了，
> 以闪电般的速度划过天际，
> 唱出最美好歌曲！
>
> ——弗朗西斯·S.奥斯古德

> 我的灵魂！
> 在建造更为雄伟的宫殿！

正如迅疾的海浪翻滚。

远离过去那低矮的拱形建筑，

建造比以往更为宏大与高尚的宫殿，

为迈向天国留下一座更为恢宏的殿宇。

最后，你获得了自由，

在生命永不停息的海浪里，

你扬弃了硕大的贝壳。

——霍姆斯

哦！我可以加入那无形的唱诗班，

让永恒的行为得以再现。

它们的存在让人心绪激扬，

让脉搏跳动加快，

让行为更加无畏，无视别人的嘲讽。

可悲的目标会自然消失。

光荣的思想会像星星那样刺破夜空，

让我们不卑不亢去找寻，

更为宏大的目标。

——乔治·埃利奥特